高职高专机电类专业系列教材

电工电子实训教程

主　编　张仁霖

主　审　袁　媛

西安电子科技大学出版社

内 容 简 介

　　本书内容包括：焊接实训、万用表实训、直流稳压电源实训、音响放大器实训、函数发生器实训。本书力图通过实训项目的实施，加深学生对电工电子技术基本概念的理解，贯彻"教、学、做"相结合的原则，培养学生的实践技能。

　　本书可作为高职高专电子信息、电气、机电及自动化等相关专业的实训教材，也可作为有关工程技术人员的参考用书。

图书在版编目(CIP)数据

电工电子实训教程/张仁霖主编. —西安：西安电子科技大学出版社，2018.8(2022.8重印)

ISBN 978 - 7 - 5606 - 4975 - 7

Ⅰ. ① 电… Ⅱ. ① 张… Ⅲ. ① 电子技术—教材 ② 电子技术—教材 Ⅳ. ① TM ② TN

中国版本图书馆 CIP 数据核字(2018)第 150995 号

策　　划　刘玉芳
责任编辑　许青青
出版发行　西安电子科技大学出版社(西安市太白南路2号)
电　　话　(029)88202421　88201467　　　邮　编　710071
网　　址　www.xduph.com　　　　　　　电子邮箱　xdupfxb001@163.com
经　　销　新华书店
印刷单位　陕西天意印务有限责任公司
版　　次　2018 年 8 月第 1 版　2022 年 8 月第 2 次印刷
开　　本　787 毫米×960 毫米　1/16　印张 7
字　　数　136 千字
印　　数　3001～4000 册
定　　价　19.00 元

ISBN 978 - 7 - 5606 - 4975 - 7/TM

XDUP 5277001 - 2

＊＊＊如有印装问题可调换＊＊＊

前　言

　　本书是为适应新时代高等职业教育培养人才的需要，根据教育部《高职高专人才培养目标及规格》和电子信息类专业人才培养方案中电工电子实训课程标准，在总结近年来电工电子实训教学经验的基础上，结合教学的实际情况编写而成的。

　　本书在内容的选择和安排上，坚持以"必需、够用、可教"为原则，突出体现培养技术技能型人才的要求特点，强调基本技能的掌握，以提高学生的基本专业素质，为学生学习其他专业知识和以后从事相关工作奠定良好的基础。

　　安徽电子信息职业技术学院张仁霖担任本书主编，负责全书的编写与统稿工作。安徽电子信息职业技术学院袁媛副教授主审了本书，并提出了许多宝贵意见，在此表示感谢。本书在编写过程中得到了安徽电子信息职业技术学院领导和同事的大力支持，在此表示衷心的感谢。

　　由于编者水平有限，书中难免存在不妥之处，恳请广大读者批评指正。

编　者

2018 年 5 月

目　录

项目一　焊接实训

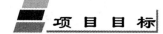

项目目标

（1）掌握焊接的基本知识。

（2）掌握电烙铁的使用方法。

（3）掌握元器件的整形与插装方法。

（4）掌握手工焊接技术。

1.1　焊接基本知识

1. 焊接的种类

焊接是连接金属的一种方法，是电子产品生产中必须掌握的基本操作技能。现代焊接技术主要分为熔焊、钎焊和接触焊三类。

熔焊是加热被焊件（母材），使其熔化产生合金而焊接在一起的焊接技术，即直接熔化母材的焊接技术。常见的熔焊有电弧焊、激光焊、等离子焊及气焊等。

钎焊是一种在已加热的被焊件之间熔入低于被焊件熔点的焊料，使被焊件与焊料熔为一体的焊接技术，即母材不熔化、焊料熔化的焊接技术。常见的钎焊有锡焊、火焰钎焊、真空钎焊等。在电子产品的生产中，大量采用锡焊技术进行焊接。

接触焊是一种不用焊料和焊剂即可获得可靠连接的焊接技术。常见的接触焊有压接、绕接、穿刺等。

2. 焊料、焊剂和焊接的辅助材料

1）焊料

焊料是一种熔点低于被焊金属，在被焊金属不熔化的条件下，能在接触面处形成合金层的物质。焊料按其组成部分可分为锡铅合金焊料、银焊料、铜焊料等。锡铅合金焊料又称焊锡，它具有熔点低、机械强度高、抗腐蚀性能好等特点，因此成为最常用的焊料。在对焊接有特殊要求的一些场合常使用掺有某些金属的焊锡。例如，在锡铅合金中掺入少量的银，可使焊锡的熔点降低，强度增大；在锡铅合金中掺入铜，可使焊锡变成高温焊锡。

锡铅合金焊料有多种形状，如粉末状、带状、球状、块状和管状等，手工焊接中最常见的是管状松香芯焊锡丝。这种焊锡丝将焊锡制成管状，其轴向芯是由优质松香添加一定活化剂组成的。管状松香芯焊锡丝外径有 0.6 mm、0.8 mm、1.0 mm、1.2 mm、1.6 mm、2.3 mm、3.0 mm、4.0 mm 和 5.0 mm 等尺寸。焊接时，根据焊盘的大小选择松香芯焊锡丝的尺寸。通常松香芯焊锡丝的外径应小于焊盘的尺寸。

2）焊剂

焊剂又称助焊剂，它是焊接时添加在焊点上的化合物，是进行锡铅焊接的辅助材料。焊剂能去除被焊金属表面的氧化物，防止焊接时被焊金属和焊料再次发生氧化，并降低焊料表面的张力，有助于焊接。常用的助焊剂有无机助焊剂、有机助焊剂和松香类助焊剂几种。在电子产品的焊接中，常使用松香类焊剂。

3）清洗剂

在完成焊接操作后，焊点周围会存在残余焊剂、油污等杂质，这些杂质对焊点有腐蚀作用，会造成绝缘电阻下降、电路短路或接触不良等，因此要对焊点进行清洗。常用的清洗剂有无水乙醇和三氯三氟乙烷，有时也会采用三氯三氟乙烷和乙醇的混合物或汽油和乙醇的混合物。

4）阻焊剂

阻焊剂是一种耐高温的涂料，其作用是保护印制电路板上不需要焊接的部位。使用时，将阻焊剂涂在不需要焊接的部位即可。我们常见的印制电路板上没有焊盘的绿色涂层即为阻焊剂。

在焊接中，特别是在自动焊接技术中，助焊剂可防止桥接、短路等现象发生，降低返修率；焊接时，可减小印制电路板受到的热冲击，使印制板的板面不易起泡和分层；使用带有色彩的阻焊剂，使印制板的板面显得整洁美观。

3. 锡焊的基本过程

锡焊是使用锡铅合金焊料进行焊接的一种焊接形式。其过程分为下列三个阶段。

第一阶段：润湿阶段。

润湿阶段是指加热后呈熔融状的焊料沿着被焊金属的表面充分铺开，与被焊金属的表面分子充分接触的过程。为使该阶段达到预期的效果，被焊金属表面的清洗工作是不可缺少的重要环节。

第二阶段：扩散阶段。

在第二阶段的润湿过程中还伴有扩散现象，即在一定的温度下焊料与被焊金属中原子相互渗透。扩散的结果是在两者的界面上形成合金层（又称界面层）。

第三阶段：焊点的形成阶段。

焊接后，焊料开始冷却。冷却时，界面层（合金层）首先以适当的合金状态凝固，形成金属结晶，然后结晶向未凝固的焊料方向生长，最后形成焊点。

1.2　元器件的整形与插装

1. 元器件引线的弯曲成形

为使元器件在印制板上的装配排列整齐且便于焊接，在安装前通常采用手工或专用机械把元器件引线弯曲成一定的形状，如图1－1所示。

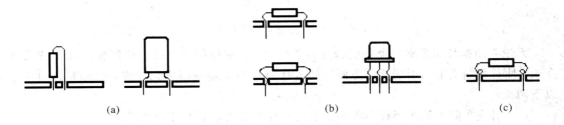

(a)　　　　　　　　(b)　　　　　　(c)

图1－1　元器件引线弯曲成形

图1－1中，图(a)比较简单，适合于手工装配；图(b)适合于机械整形和自动装焊，特别是可以避免元器件在机械焊接过程中从印制板上脱落；图(c)虽然对某些怕热的元器件在焊接时的散热有利，但因为加工比较麻烦，现在已经很少采用。

在通孔插装电路板上插装、焊接有引脚的元器件时，大批量生产的企业中通常有两种工艺过程：一是长脚插焊，二是短脚插焊。

所谓长脚插焊，如图1－2(a)所示，是指元器件引脚在整形时并不剪短，把元器件插装到电路板上后，可以采用手工焊接，然后手工剪短多余的引脚。长脚插焊的特点是：元器件采用手工流水线插装，由于引脚长，因此在插装、焊接的过程中，元器件不容易从板上脱落。这种生产工艺的优点是设备的投入小，适合于生产那些安装密度不高的电子产品。

所谓短脚插焊，如图1－2(b)所示，是指在对元器件整形的同时剪短多余的引脚，把元器件插装到电路板上后进行弯脚，这样可以避免元器件在以后的工序传递中从电路板上脱落。在整个工艺过程中，从元器件整形、插装到焊接，全部采用自动生产设备。这种生产工艺的优点是生产效率高，但设备的投入大。

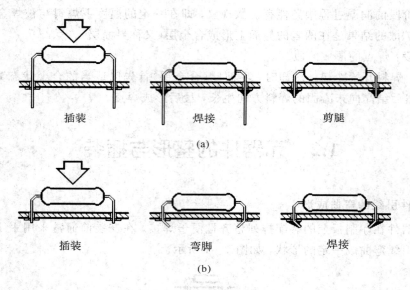

(a)

(b)

图 1-2 长脚插焊与短脚插焊

无论采用哪种工艺对元器件引脚进行整形，都应该按照元器件在印制板上孔位的尺寸要求，使其弯曲成形的引线能够方便地插入孔内。为了避免损坏元器件，整形时必须注意以下两点：

（1）引线弯曲的最小半径不得小于引线直径的 2 倍，不能"打死弯"。

（2）引线弯曲处距离元器件本体至少在 2 mm 以上，绝对不能从引线的根部开始弯折。对于那些容易崩裂的玻璃封装的元器件，在整形时尤其要注意这一点。

2. 元器件的插装

元器件插装到印制电路板上时，无论是卧式安装还是立式安装，都应该使元器件的引线尽可能短一些。在单面印制板上进行卧式安装时，小功率元器件总是平行地紧贴板面；在双面板上，元器件则可以离开板面约 1～2 mm，避免因元器件发热而减弱铜箔对基板的附着力，并防止元器件的裸露部分同印制导线短路。

插装元器件时还要注意以下原则：

（1）要根据产品的特点和企业的设备条件安排装配顺序。如果是手工插装、焊接，应该先安装那些需要机械固定的元器件，如功率器件的散热器、支架、卡子等，然后安装靠焊接固定的元器件；否则，就会在机械紧固时，使印制板受力变形而损坏其他已经安装的元器件。如果是自动机械设备插装、焊接，则应该先安装那些高度较低的元器件（如电路的跳线、电阻等），后安装那些高度较高的元器件（如轴向（立式）插装的电容器、晶体管等）。对于贵重的关键元器件，如大规模集成电路和大功率器件，应该放到最后插装。安装散热器、支架、卡子等，要靠近焊接工件，这样不仅可以避免先装的元器件妨碍插装后装的元器件，还有利于避免因为传送系统振动而丢失贵重元器件。

（2）各种元器件的安装，应该尽量使它们的标记（用色码或字符标注的数值、精度等）朝上或朝着易于辨认的方向，并注意标记的读数方向要一致（从左到右或从上到下），这样有利于检验人员直观检查。对于卧式安装的元器件，尽量使两端引线的长度相等或对称，把元器件放在两孔中央，排列整齐；立式安装的色环电阻应该高度一致，最好让起始色环向上以便检查，上端的引线不要留得太长以免与其他元器件短路，如图1-3所示。对于有极性的元器件，在插装时要保证方向正确。

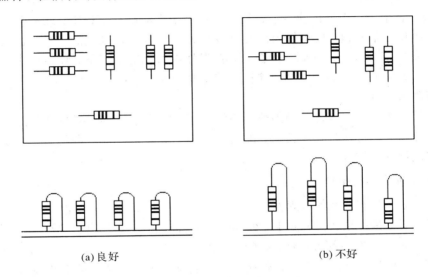

(a)良好 (b)不好

图1-3 元器件的插装

（3）当元器件在印制电路板上立式安装时，单位面积上容纳元器件的数量较多，适合于机壳内空间较小、元器件紧凑密集的产品。但立式安装的元器件其机械性能较差，抗振能力弱，如果元器件倾斜，就有可能接触临近的元器件而造成短路。为使引线相互隔离，往往采用加套绝缘塑料管的方法。在同一个电子产品中，元器件各条引线所加套管的颜色应该一致，以便于区别不同的电极。这种安装方式需要手工操作，除了那些成本非常低廉的民用小产品之外，在档次较高的电子产品中不会采用。

（4）在非专业化条件下批量制作电子产品时，通常是手工安装元器件与焊接操作同步进行。应该先安装需要机械固定的元器件，先焊接那些比较耐热的元器件，如接插件、小型变压器、电阻、电容等；然后安装、焊接比较怕热的元器件，如各种半导体器件及塑料封装的元件。

1.3 手工焊接技术

焊接是制造电子产品的重要环节之一，如果没有相应的工艺质量保证，任何一个设计精良的电子产品都难以达到设计要求。在科研开发、设计试制、技术革新的过程中制作少量的电路板，不可能也没有必要采用自动设备，经常需要进行手工装焊。

1. 锡焊的主要特征

焊接技术在电子工业中的应用非常广泛。在电子产品制造过程中，几乎各种焊接方法都要用到，但使用最普遍、最有代表性的是锡焊方法。锡焊是焊接的一种，它是将焊件和熔点比焊件低的焊料共同加热到锡焊温度，在焊件不熔化的情况下，焊料熔化并浸润焊接面，依靠二者原子的扩散形成焊件的连接。其主要特征如下：

（1）焊料熔点低于焊件。

（2）焊接时将焊料与焊件共同加热到锡焊温度，焊料熔化，而焊件不熔化。

（3）熔化状态的焊料浸润焊接面，由毛细作用使焊料进入焊件的间隙，形成一个合金层，从而实现焊件的结合。

2. 锡焊必须具备的条件

（1）焊件必须具有良好的可焊性。

所谓可焊性，是指在适当温度下，被焊金属材料与焊锡能形成良好结合的合金的性能。不是所有的金属都具有好的可焊性，有些金属如铬、钼、钨等的可焊性非常差；有些金属如紫铜、黄铜等的可焊性又比较好。在焊接时，高温使金属表面产生的氧化膜可能会影响材料的可焊性，因此为了提高可焊性，可以采用表面镀锡、镀银等措施来防止材料表面的氧化。

（2）焊件表面必须保持清洁。

为了使焊锡和焊件达到良好的结合，焊件表面一定要保持清洁。即使是可焊性良好的焊件，由于储存或被污染，都可能在焊件表面产生对浸润有害的氧化膜和油污。在焊接前务必把污膜清除干净，否则无法保证焊接质量。金属表面轻度的氧化层可以通过焊剂作用来清除，氧化程度严重的金属表面，则应采用机械或化学方法清除，如进行刮除或酸洗等。

（3）使用合适的助焊剂。

助焊剂的作用是清除焊件表面的氧化膜。不同的焊接工艺，应该选择不同的助焊剂。例如，对于镍铬合金、不锈钢、铝等材料，没有专用的特殊焊剂是很难实施锡焊的。在焊接印制电路板等精密电子产品时，为使焊接可靠稳定，通常采用以松香为主的助焊剂，一般是用酒精将松香溶解成松香水使用。

（4）焊件要加热到适当的温度。

焊接时，热能的作用是熔化焊锡和加热焊接对象，使锡、铅原子获得足够的能量后渗透到被焊金属表面的晶格中从而形成合金。焊接温度过低，对焊料原子渗透不利，无法形成合金，极易形成虚焊；焊接温度过高，会使焊料处于非共晶状态，加速焊剂分解和挥发速度，使焊料品质下降，严重时还会导致印制电路板上的焊盘脱落。

（5）焊接时间要合适。

焊接时间是指在焊接全过程中进行物理和化学变化所需要的时间。焊接时间包括被焊金属达到焊接温度的时间、焊锡的熔化时间、助焊剂发挥作用及生成金属合金的时间等。当焊接温度确定后，就应根据被焊件的形状、性质、特点等来确定合适的焊接时间。焊接时间过长，易损坏元器件或焊接部位；焊接时间过短，则达不到焊接要求。一般地，每个焊点焊接一次的时间最长不超过 5 秒。

3. 焊接前的准备——镀锡

为了提高焊接的质量和速度，避免虚焊等缺陷，应该在装配以前对焊接表面进行可焊性处理——镀锡。在电子元器件的待焊面（引线或其他需要焊接的地方）镀上焊锡，是焊接之前一道十分重要的工序，尤其对于一些可焊性差的元器件，镀锡更是至关紧要的。

镀锡也叫搪锡，实际就是用液态焊锡对被焊金属表面进行浸润，形成一层既不同于被焊金属又不同于焊锡的结合层，由这个结合层将焊锡与待焊金属这两种性能、成分都不相同的材料牢固连接起来。

4. 焊接操作的正确姿势

掌握正确的操作姿势，可以保证操作者的身心健康，减轻劳动伤害。为减小焊剂加热时挥发出的化学物质对人的危害，减少有害气体的吸入量，一般情况下，烙铁到鼻子的距离应该不少于 20 cm，通常以 30 cm 为宜。

一般采用坐姿焊接，工作台和坐椅的高度要合适。如上所述，焊接时电烙铁离操作者鼻子的距离以 20～30 cm 为佳。这样既可以减小焊料、焊剂挥发的化学物质对人体的伤害，同时也保证了操作者的便利。

焊接操作中握电烙铁的方法有以下三种：

（1）反握法。反握法如图 1-4(a)所示。反握法的动作稳定，长时间操作不易疲劳，对被焊件的压力较大，适合于较大功率的电烙铁（功率大于 75 W）对大焊点的焊接操作。

（2）正握法。正握法如图 1-4 (b)所示。该法适用于中功率的电烙铁及带弯头的电烙铁的操作，或直烙铁头大型机的焊接。

（3）握笔法。笔握法如图 1-4(c)所示。该法适用于小功率的电烙铁焊接印制板上的元器件。

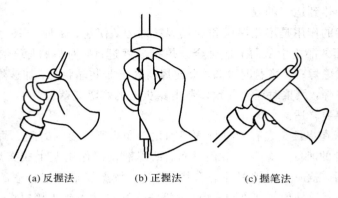

(a) 反握法　　　　　(b) 正握法　　　　　(c) 握笔法

图 1-4　电烙铁的握法

5. 手工焊接的基本操作步骤

焊接操作的基本步骤也称五步法，如图 1-5 所示。

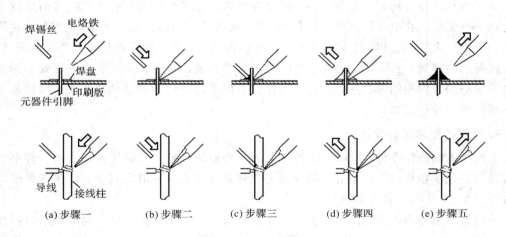

(a) 步骤一　　　(b) 步骤二　　　(c) 步骤三　　　(d) 步骤四　　　(e) 步骤五

图 1-5　焊接的五步操作法

（1）准备。焊接前应准备好焊接的工具和材料，清洁被焊件及工作台，进行元器件的插装及导线端头的处理工作，然后左手拿焊锡，右手握电烙铁，进入待焊状态。

（2）加热。用电烙铁加热被焊件，使焊接部位的温度上升至焊接所需的温度。

（3）加焊料。当焊件加热到一定的温度后，在烙铁头与焊接部位的结合处以及对称的一侧加上适量的焊料。

（4）移开焊料。当适量的焊料熔化后迅速向左上方移开焊料，然后用烙铁头沿着焊接部位将焊料拖动或转动一段距离，确保焊料覆盖整个焊点。

（5）移开烙铁。当焊点上的焊料充分润湿焊接部位时，立即沿右上方 45°的方向移开电烙铁，结束焊接。

上述（2）～（5）的操作过程一般要求在 2～3 s 的时间内完成。实际操作中，具体的焊接时间还要根据环境温度、电烙铁的功率以及焊点的热容量来确定。在焊点较小的情况下，也可采用三步法完成焊接，即将五步法中的（2）、（3）合为一步，加热被焊件和加焊料同时进行，（4）、（5）合为一步，同时移开焊料和烙铁头。

6. 焊接温度与加热时间

经过试验得出，烙铁在焊件上停留的时间与焊件温度的升高成正比关系。同样的烙铁，加热不同热容量的焊件时，要达到同样的焊接温度，可以通过控制加热时间来实现。但在实践中不能仅依此关系决定加热时间。例如，用小功率烙铁加热较大的焊件时，无论烙铁停留的时间多长，焊件的温度也升不上去，原因是烙铁的供热容量小于焊件和烙铁在空气中散失的热量。此外，为防止内部过热损坏，有些元器件也不允许长期加热。

如果加热时间不足，会使焊料不能充分浸润焊件，形成松香夹渣而虚焊；反之，过量的受热除有可能造成元器件损坏以外，还有如下危害：

（1）焊点的外观变差。如果焊锡已经浸润焊件但继续进行过量的加热，将使助焊剂全部挥发，造成熔态焊锡过热，降低浸润性能；当烙铁离开时容易拉出锡尖，同时焊点表面发白，出现粗糙颗粒，失去光泽。

（2）高温造成所加松香助焊剂分解炭化。松香一般在 210℃ 开始分解，分解后不仅会失去助焊剂的作用，而且会在焊点内形成炭渣而成为夹渣缺陷。如果在焊接过程中发现松香发黑，则肯定是加热时间过长所致。

（3）过量的受热会破坏印制板上铜箔的黏合层，导致铜箔焊盘剥落。

因此，在适当的加热时间里，准确掌握加热火候是优质焊接的关键。

7. 手工焊接的操作要领

在保证得到优质焊点的目标下，具体的焊接操作手法可以有所不同，下面列举一些手工焊接的操作要领。

（1）保持烙铁头的清洁。

焊接时，烙铁头长期处于高温状态，又接触助焊剂等弱酸性物质，其表面很容易氧化腐蚀并黏上一层黑色杂质。这些杂质形成隔热层，会妨碍烙铁头与焊件之间的热传导。因此，要注意用一块湿布或湿的木质纤维海绵随时擦拭烙铁头。对于普通烙铁头，在腐蚀污染严重时可以使用锉刀修去表面氧化层。对于长寿命烙铁头，就绝对不能使用这种方法了。

（2）靠增加接触面积来加快传热。

加热时，应该让焊件上需要焊锡浸润的各部分均匀受热，而不是仅仅加热焊件的一部分，更不要采用烙铁对焊件增加压力的办法，以免造成损坏或不易觉察的隐患。有些初学者用烙铁头对焊接面施加压力，企图加快焊接，这是不对的。正确的方法是：根据焊件的形状选用不同的烙铁头，或者自己修整烙铁头，让烙铁头与焊件形成面的接触而不是点或线的接触，这样就能大大提高传热效率。

（3）加热要靠焊锡桥。

在非流水线作业中，焊接的焊点形状是多种多样的，不大可能不断更换烙铁头。要提高加热效率，需要有进行热量传递的焊锡桥。所谓焊锡桥，就是靠烙铁头上保留少量焊锡，作为加热时烙铁头与焊件之间传热的桥梁。由于金属熔液的导热效率远远高于空气，因此焊件通过焊锡桥很快就被加热到焊接温度。应该注意，作为焊锡桥的锡量不可保留过多，不仅因为长时间存留在烙铁头上的焊料处于过热状态，实际已经降低了质量，还因为锡量过多可能造成焊点之间误连短路。

（4）烙铁撤离要有正确的方向。

烙铁的撤离要及时，而且撤离时的角度和方向与焊点的形成有关。

（5）在焊锡凝固之前不能动。

切勿使焊件移动或受到振动，特别是用镊子夹住焊件时，一定要等焊锡凝固后再移走镊子，否则极易造成焊点结构疏松或虚焊。

（6）焊锡用量要适中。

手工焊接常使用的管状焊锡丝，其内部已经装有由松香和活化剂制成的助焊剂。焊锡丝的直径有 0.5、0.8、1.0、…、5.0 mm 等多种规格，要根据焊点的大小选用。一般地，应使焊锡丝的直径略小于焊盘的直径，如图 1-6 所示。过量的焊锡不但无必要地消耗了焊锡，而且增加焊接时间，降低了工作速度。更为严重的是，过量的焊锡很容易造成不易觉察的短路故障。焊锡过少也不能形成牢固的连接，同样是不利的。特别是焊接印制板引出导线时，焊锡用量不足，极容易造成导线脱落。

(a) 焊锡过多　　　　(b) 焊锡过少　　　(c) 合适的焊锡，合适的焊点

图 1-6　焊点锡量的掌握

（7）不要使用烙铁头作为运送焊锡的工具。

有人习惯到焊接面上进行焊接，结果造成焊料的氧化，这是因为烙铁尖的温度一般都在 300℃ 以上，焊锡丝中的助焊剂在高温时容易分解失效，焊锡也处于过热的低质量状态。

手工焊接时，焊料的供给方法通常是一手（右手）拿电烙铁，一手（左手）拿焊料，先对焊点加热，后加焊料。

8. 焊点的常见缺陷

（1）虚焊。虚焊主要是由待焊金属表面的氧化物和污垢造成的，它使焊点成为有接触电阻的连接状态，导致电路工作不正常，出现连接时好时坏的不稳定现象，使噪声增加且没有规律性，给电路的调试、使用和维护带来重大隐患。一般来说，造成虚焊的主要原因是：焊锡质量差；助焊剂的还原性不良或用量不够；被焊接处表面未预先清洁好，镀锡不牢；烙铁头的温度过高或过低，表面有氧化层；焊接时间掌握不好；焊接中焊锡尚未凝固时焊接元件松动；等等。

（2）拉尖。拉尖是指焊点表面有尖角、毛刺的现象。造成拉尖的主要原因是：烙铁头离开焊点的方向不对，电烙铁离开焊点太慢，焊料中杂质太多，焊接时的温度过低等。拉尖造成的后果有：外观不佳，易造成桥接现象；对于高压电路，有时会出现尖端放电现象。

（3）桥接。桥接是指焊锡将电路之间不应连接的地方误焊接起来的现象。造成桥接的主要原因是：焊锡用量过多，电烙铁使用不当，导线端头未处理好，自动焊接时焊料槽的温度过高或过低等。桥接造成的后果是：导致产品出现电气短路，有可能使相关电路的元器件损坏。

（4）球焊。球焊是指焊点形状像球形、与印制板只有少量连接的现象。造成球焊的主要原因是：印制板面有氧化物或杂质。球焊造成的后果是：由于被焊部件只有少量连接，因而其机械强度差，略微振动就会使连接点脱落，造成断路故障。

（5）印制板铜箔脱落。造成印制板铜箔脱落的主要原因是：焊接时间过长，温度过高，反复焊；或在拆焊时，焊料没有完全熔化就拔取元器件。印制板铜箔脱落会造成电路断路或元器件无法安装，甚至损坏整个印制板。

9. 典型焊点的形成及其外观

在单面和双面（多层）印制电路板上，焊点的形成是有区别的。如图 1-7(a)所示，在单面板上，焊点仅形成在焊接面的焊盘上方；但在双面板或多层板上，熔融的焊料不仅浸润焊盘上方，还由于毛细作用，会渗透到金属化孔内，焊点形成的区域包括焊接面的焊盘上方、金属化孔内和元件面上的部分焊盘，如图 1-7(b)所示。

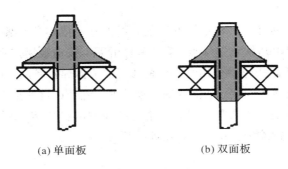

(a) 单面板　　　　　　　　(b) 双面板

图 1-7 焊点的形成

典型焊点的外观如图 1-8 所示。从外表直观来看，对焊点的要求是：

（1）形状为近似圆锥而表面稍微凹陷，呈坡状，以焊接导线为中心，对称呈裙形展开。

（2）焊料的连接面呈凹形自然过渡，焊锡和焊件的交界处平滑，接触角尽可能小。

（3）表面平滑，有金属光泽。

（4）无裂纹、针孔、夹渣等现象。

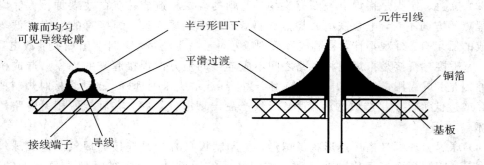

图 1-8　典型焊点的外观

10. 拆焊工艺

拆焊又称解焊，是指把元器件从原来已经焊接的安装位置上拆卸下来。当焊接出现错误、损坏或调试维修电子产品时，就要进行拆焊过程。

1）拆焊工具和材料

普通电烙铁：用于加热焊点。

镊子：用于夹持元器件或借助于电烙铁恢复焊孔。以端头较尖、硬度较高的不锈钢为佳。

吸锡器：用于吸去熔化的焊锡，使元器件的引脚与焊盘分离。吸锡器必须借助电烙铁才能发挥作用。

吸锡电烙铁：同时具有加热和吸锡的功能，可独立完成熔化焊锡、吸去多余焊锡的任务。操作时，先用吸锡电烙铁加热焊点，等焊锡熔化后，按动吸锡按键，即可把熔化的焊锡吸掉。吸锡电烙铁是拆焊操作中使用最方便的工具，其拆焊效率高，且不伤元器件。

吸锡材料：有屏蔽线编织层、细铜网等。使用时，将吸锡材料浸上松香水后，贴到待拆焊的焊点上，然后用烙铁头加热吸锡材料，通过吸锡材料将热传递到焊点上熔化焊锡，吸锡材料将焊锡吸附后，拆除吸锡材料，焊点即被拆开。

2）拆焊方法

掌握正确的拆焊方法非常重要。如果拆焊不当，则极易造成被拆焊的元器件、导线等损坏，也极易造成焊盘脱落。

（1）分点拆焊法。

当需要拆焊的元器件引脚不多，且需要拆焊的焊点距其他焊点较远时，可采用分点拆焊法。这种方法是：将印制板立起来，用电烙铁加热焊点，当焊点的焊锡完全熔化时，用镊子或尖嘴钳夹住元器件引线，轻轻地把元器件拉出来。重新焊接时，必须在加热并熔化焊锡的情况下，用锥子（或尖头镊子）从铜箔面将焊孔导通，再插入元器件进行重焊。注意，这种方法不宜在一个焊点多次使用，因为印制线路和焊盘经反复加热后，很容易脱落，造成印制板损坏。

（2）集中拆焊法。

当需要拆焊的焊点之间的距离很近时，可采用集中拆焊法。在如下两种情况下可使用这种方法。当需要拆焊的元件引脚不多，且焊点之间的距离很近时，可直接使用电烙铁同时快速、交替地加热被拆的几个焊点，待这几个焊点同时熔化后，一次拔出拆焊元件，如拆焊立式安装的电阻、电容、二极管或小功率晶体管等。当需要拆焊的元件引脚多，且焊点之间的距离很近时，应使用吸锡工具拆焊，即用电烙铁和吸锡工具（或直接使用吸锡电烙铁）逐个将被拆元器件焊点上的焊锡吸掉，并将元器件的所有引脚与焊盘分离，就可拆下元器件。

（3）断线拆焊法。

当被拆焊的元器件可能需要多次更换，或已经拆焊过时，可采用断线拆焊法。这种方法是：对被拆焊的元器件，不进行加热过程，而是用斜口钳剪下元器件，但必须在原印制板上留出部分引脚，以便连接新元件。

焊接是使金属连接的一种方法，是电子产品生产中必须掌握的一种基本操作技能。现代焊接技术主要分为熔焊、钎焊和接触焊三类。

锡焊过程分为三个阶段：润湿阶段、扩散阶段和焊点的形成阶段。

手工焊接的基本操作步骤包括：准备、加热、加焊料、移开焊料、移开烙铁。

焊点的要求是：形状为近似圆锥而表面稍微凹陷，呈坡状，以焊接导线为中心，对称呈裙形展开；焊料的连接面呈凹形自然过渡，焊锡和焊件的交界处平滑，接触角尽可能小；表面平滑，有金属光泽；无裂纹、针孔、夹渣等现象。

```
* * * * * * * *
* 习    题 *
* * * * * * * *
```

1. 焊接的种类主要有哪些?

2. 焊接的基本步骤有哪些?

3. 如何衡量焊点质量的好坏?

4. 手工焊接的注意事项有哪些?

项目二 万用表实训

项 目 目 标

（1）掌握指针式万用表的电气原理图和接线图。

（2）能够对元器件进行检测、焊接和安装。

（3）掌握指针式万用表的安装、调试与检修方法。

（4）掌握指针式万用表的使用方法。

万用表是一种多功能、多量程的便携式电工仪表。万用表可以测量直流电流、交直流电压和电阻，有些万用表还可测量电容、电感、功率、晶体管共射极直流放大系数 h_{FE} 等。万用表是电工必备的仪表之一，每个电气工作者都应该熟练掌握其工作原理及使用方法。通过万用表的装配实训，学生可在了解其基本工作原理的基础上学会装配、调试和使用万用表，并学会排除一些万用表的常见故障。通过万用表的装配实训，学生可培养自己在工作中耐心细致、一丝不苟的工作作风。

MF47 型万用表是一种量限多、分挡细、灵敏度高、体形轻巧、性能稳定、过载保护可靠、读数清晰、使用方便的新型万用表。

2.1 MF47 型万用表的特征与组成结构

1. MF47 型万用表的特征

MF47 型万用表采用高灵敏度的磁电系整流式表头，其结构造型大方、设计紧凑、携带方便，零部件均选用优良材料及工艺处理，具有良好的电气性能和机械强度。其特点如下：

（1）测量机构采用高灵敏度表头，性能稳定；采用硅二极管保护，保证过载时不损坏表头，电路设有 0.5A 保险丝，以防误用时烧坏电路。

（2）线路部分保证可靠、耐磨、维修方便。

（3）设计上考虑了湿度和频率补偿。

（4）低电阻挡选用2♯干电池，容量大，寿命长。

（5）配有高压接口，可测量电视机内25 kV以下高压。

（6）配有晶体管静态直流放大系数检测装置。

（7）表盘标度尺刻度线与挡位开关旋钮指示盘均为红、绿、黑三色，分别按交流红色、晶体管绿色、其余黑色对应制成，共有七条专用刻度线，刻度分开，便于读数；配有反光铝膜，消除了视差，提高了读数精度。

（8）除交直流2500 V和直流5 A分别有单独的插座外，其余只需转动一个选择开关，使用方便。

（9）装有提把，不仅便于携带，而且可在必要时作倾斜支撑，便于读数。

2. MF47型万用表的组成结构

MF47型万用表由显示部分、电气部分与机械部分组成。表头是万用表的测量显示装置，MF47万用表采用控制显示面板＋表头一体化结构。电气部分由测量线路板、电位器、电阻、二极管、电容等部分组成，测量线路板将不同性质和大小的被测电量转换为表头所能接收的直流电流。MF47型万用表的显示部分和电气部分如图2-1所示。

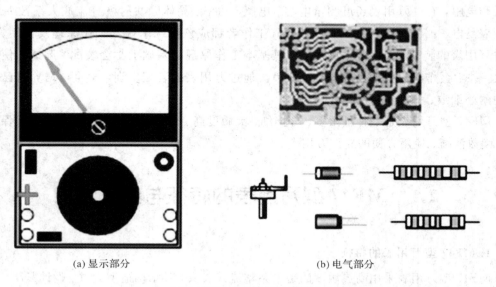

(a) 显示部分　　　　　　　　(b) 电气部分

图2-1　MF47型万用表的显示部分和电气部分

机械部分由挡位开关旋钮及电刷等部分组成，如图2-2所示。挡位开关用来选择被测电量的种类和量程。万用表可以测量直流电流、直流电压、交流电压和电阻等多种电量。

当挡位开关旋钮拨到直流电流挡时，可分别与 5 个接触点接通，用于测量 500 mA、50 mA、5 mA 和 500 μA、50 μA 量程的直流电流。当挡位开关旋钮拨到欧姆挡时，可分别测量×1 Ω、×10 Ω、×100 Ω、×1 kΩ、×10 kΩ 量程的电阻；当挡位开关旋钮拨到直流电压挡时，可分别测量 0.25 V、1 V、2.5 V、10 V、50 V、250 V、500 V、1000 V 量程的直流电压；当挡位开关旋钮拨到交流电压挡时，可分别测量 10 V、50 V、250 V、500 V、1000 V 量程的交流电压。

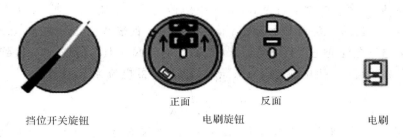

挡位开关旋钮　　　　　　正面　　　反面　　　　　　电刷
　　　　　　　　　　　　电刷旋钮

图 2-2　MF47 型万用表的机械部分

2.2　MF47 型万用表的工作原理

1. MF47 型万用表的基本测量原理

MF47 型万用表的基本测量原理如图 2-3 所示。它由表头、电阻测量挡、电流测量挡、直流电压测量挡和交流电压测量挡等部分组成，图中"－"为黑表棒插孔，"＋"为红表棒插孔。

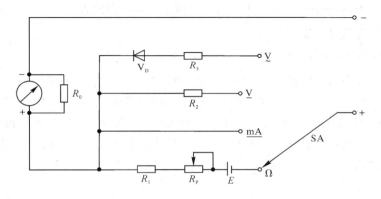

图 2-3　MF47 型万用表的基本测量原理图

当挡位开关旋钮 SA 置于交流电压挡时，通过二极管 V_D 整流，电阻 R_3 限流，由表头显示交流电压；当挡位开关旋钮 SA 置于直流电压挡时，不需二极管整流，仅需电阻 R_2 限流，表头即可显示；当挡位开关旋钮 SA 置于直流电流挡时，既不需二极管整流，也不需电阻 R_2 限流，表头即可显示。

测量电压和电流时，外部有电流流过表头，因此不需要内接电池。测电阻时将挡位开关旋钮 SA 拨到"Ω"挡，这时外部没有电流通入，因此必须使用内部电池作为电源。设外接的被测电阻为 R_x，表内的总电阻为 R，形成的电流为 I，由 R_x、电池 E、可调电位器 R_P、固定电阻 R_1 和表头部分组成闭合电路，形成的电流 I 使表头的指针偏转。红表棒与电池的负极相连，通过电池的正极与电位器 R_P 及固定电阻 R_1 相连，经过表头接到黑表棒与被测电阻 R_x 形成回路，产生电流，使表头显示。回路中的电流为

$$I = \frac{E}{R_x + R}$$

由上式可知，I 和被测电阻 R_x 不成线性关系，所以表盘上电阻标度尺的刻度是不均匀的。电阻越小，回路中的电流越大，指针的摆动越大，因此电阻挡的标度尺刻度是反向的。

当万用表红黑两表棒直接连接时，相当于外接电阻最小 $R_x = 0$，那么有

$$I = \frac{E}{R_x + R} = \frac{E}{R}$$

此时通过表头的电流最大，表头摆动最大，因此指针指向满刻度处，向右偏转最大，显示阻值为 $0\ \Omega$。

反之，当万用表红黑两表棒开路时 $R_x \to \infty$，R 可以忽略不计，那么有

$$I = \frac{E}{R_x + R} \approx \frac{E}{R_x} \to \infty$$

此时通过表头的电流最小，因此指针指向 0 刻度处，显示阻值为 ∞。

2. MF47 型万用表的工作原理

MF47 型万用表的原理图如图 2 - 4 所示。图中，显示表头是一个直流 μA 表；R_{P2} 是电位器，用于调节表头回路中的电流大小；V_{D3}、V_{D4} 两个二极管反向并联后与电容并联，用于限制表头两端的电压，起保护表头的作用，使表头不至于因电压、电流过大而烧坏。电阻挡分为 $\times 1\Omega$、$\times 10\Omega$、$\times 100\Omega$、$\times 1k\Omega$、$\times 10k\Omega$ 几个量程，当挡位开关旋钮置于某一个量程时，与某一个电阻形成回路，使表头偏转，测出阻值的大小。图 2 - 4 中，电阻旁括号内给出了电阻的功率，单位是 W，未标注括号的电阻其功率为 1/4 W。

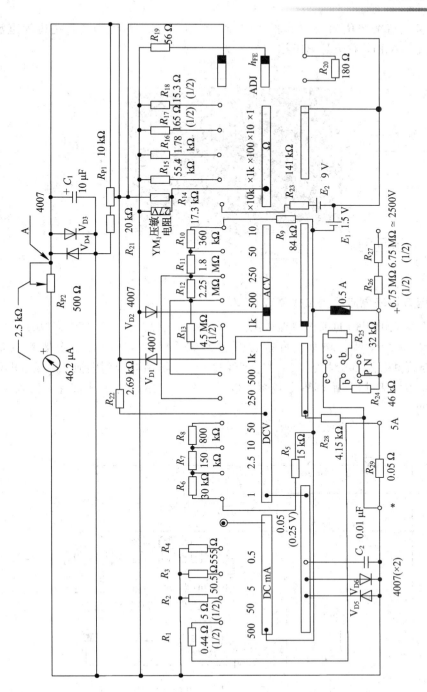

图2-4　MF47型万用表的原理图

装配线路板上每个挡位的分布如图 2-5 所示,上面为交流电压挡,左边为直流电压挡,下面为直流 mA 挡,右边是电阻挡。

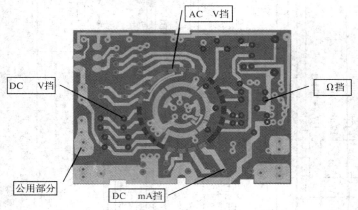

图 2-5　MF47 万用表线路板

3. MF47 型万用表电阻挡的工作原理

MF47 型万用表电阻挡的工作原理如图 2-6 所示,电阻挡分为×1Ω、×10Ω、×100Ω、×1kΩ、×10kΩ 5 个量程。例如,将挡位开关旋钮置于×1Ω 时,外接被测电阻通过"−COM"端与公共显示部分相连,通过"＋"经过 0.5 A 熔断器接到电池,再经过电刷旋钮与 R_{18} 相连,R_{P1} 为电阻挡公用调零电位器,最后与公共显示部分形成回路,使表头偏转,测出阻值的大小。

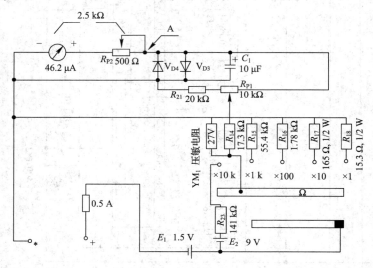

图 2-6　MF47 型万用表电阻挡原理图

2.3　MF47 型万用表的装配与调试

1. MF47 型万用表的装配步骤

MF47 型万用表的装配步骤如下：

（1）清点材料。

（2）二极管、电容及电阻的判别。

（3）焊接前的准备工作。

（4）元器件的焊接与装配。

（5）机械部件的装配与调整。

（6）常见故障的检修。

（7）MF47 型万用表的使用。

2. 清点材料

参考材料配套清单，并注意按材料清单——对应，记清每个元件的名称与外形。打开时请小心，不要将塑料袋撕破，以免材料丢失。清点材料时请将表箱后盖当容器，将所有的东西都放在里面。清点完毕后请将材料放回塑料袋备用，暂时不用的请放在塑料袋里。

注意：弹簧和钢珠一定不要丢失。

1）电阻

电阻如图 2-7 所示。

(a) 黄、绿或蓝色的电阻共28个　　　　　　　　(b) 分流器1个

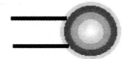

(c) 压敏电阻1个

图 2-7　电阻

2）可调电阻

可调电阻如图 2-8 所示。轻轻拧动电位器的黑色旋钮，可以调节电位器的阻值；用十字螺丝刀轻轻拧动可调电阻的橙色旋钮，可以调节可调电阻的阻值。

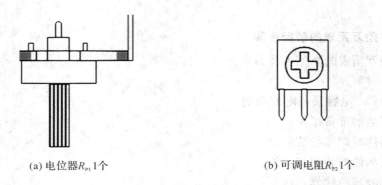

(a) 电位器R_{P1} 1个　　　　　　　　　　(b) 可调电阻R_{P2} 1个

图 2-8　可调电阻

3）二极管、保险丝夹

二极管、保险丝夹如图 2-9 所示。

(a) 二极管6个　　　　　　　　　　(b) 保险丝夹2个

图 2-9　二极管和保险丝夹

4）电容

电容如图 2-10 所示。

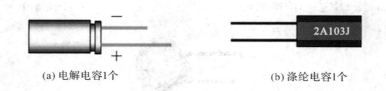

(a) 电解电容1个　　　　　　　　　　(b) 涤纶电容1个

图 2-10　电容

5）保险丝管、连接线和短接线

保险丝管、连接线和短接线如图 2-11 所示。

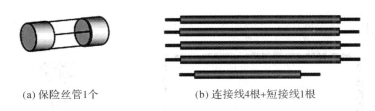

(a) 保险丝管1个　　　　　(b) 连接线4根+短接线1根

图 2-11　保险丝

6）线路板

线路板如图 2-12 所示。

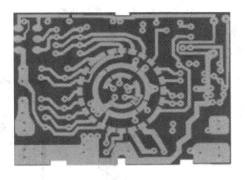

图 2-12　线路板

7）面板＋表头、挡位开关旋钮与电刷旋钮

面板＋表头、挡位开关旋钮与电刷旋钮如图 2-13 所示。

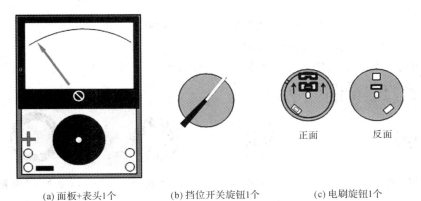

(a) 面板+表头1个　　　(b) 挡位开关旋钮1个　　　(c) 电刷旋钮1个

图 2-13　面板＋表头、挡位开关旋钮与电刷旋钮

8) 提把、提把铆钉

提把、提把铆钉如图 2-14 所示。

(a) 提把1个

(b) 提把铆钉2个

图 2-14　提把、提把铆钉

9) 电位器旋钮、晶体管插座、后盖

电位器旋钮、晶体管插座、后盖如图 2-15 所示。

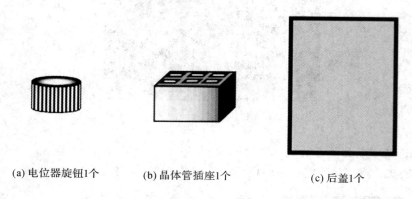

(a) 电位器旋钮1个 　　(b) 晶体管插座1个 　　(c) 后盖1个

图 2-15　电位器旋钮、晶体管插座、后盖

10) 螺钉、弹簧、钢珠、提把橡胶垫圈

螺钉、弹簧、钢珠、提把橡胶垫圈如图 2-16 所示。图中，螺钉 $M3\times6$ 表示螺钉的螺纹部分直径为 3 mm，长度为 6 mm。

(a) 螺钉$M3\times6$ 2个 　　(b) 弹簧1个 　　(c) 钢珠1个 　　(d) 提把橡胶垫圈2只

图 2-16　螺钉、弹簧、钢珠与提把橡胶垫圈

11）电池夹与铭牌

电池夹与铭牌如图 2－17 所示。

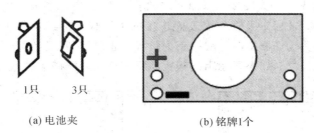

(a) 电池夹　　　　　　　　　(b) 铭牌1个

图 2－17　电池夹与铭牌

12）V 形电刷、晶体管插片与输入插管

V 形电刷、晶体管插片与输入插管如图 2－18 所示。

(a) V形电刷1个　　　　　(b) 晶体管插片6片　　　　　(c) 输入插管4只

图 2－18　V 形电刷、晶体管插片与输入插管

13）表棒

表棒如图 2－19 所示。

图 2－19　表棒

3. 二极管、电容及电阻的判别

在安装前要求每个学生学会判别二极管、电容及电阻的不同形状，并学会判别元件的大小与极性。

1) 二极管极性的判别

判别二极管极性时可用实训室提供的万用表，将红表棒插在"＋"，黑表棒插在"－"，将二极管搭接在表棒两端，如图 2-20 所示。观察万用表指针的偏转情况，如果指针偏向右边，显示阻值很小，表示二极管与黑表棒连接的为正极，与红表棒连接的为负极。与实物相对照，黑色的一头为正极，白色的一头为负极。也就是说，阻值很小时，与黑表棒搭接的是二极管的黑头；反之，如果显示阻值很大，那么与红表棒搭接的是二极管的正极。

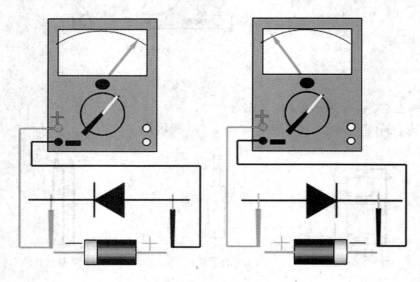

图 2-20　用万用表判断二极管的极性

2) 电解电容极性的判断

注意观察在电解电容侧面有"－"，是负极，如果电解电容上没有标明正负极，则也可以根据其引脚长短来判断：长脚为正极，短脚为负极（见图 2-21）。如果已经把引脚剪短，并且电容上没有标明正负极，那么可以用万用表来判断。判断的方法是：正接时漏电流小（阻值大），反接时漏电流大。

图 2-21　电解电容极性的判断

3) 电阻色环的读数

从材料袋中取出一黄电阻，注意其他元件不要丢失，封好塑料袋的封口。黄电阻有 4 条色环，如图 2-22 所示。其中，有一条色环与其他色环间相距较大，且色环较粗，读数时应将其放在右边。

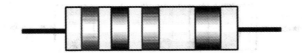

图 2-22　四色环电阻

每条色环表示的意义如表 2-1 所示。第 1 条色环表示第一位数字，第 2 条色环表示第二位数字，第 3 条色环表示 10 的倍乘数，第 4 条色环表示误差。图 2-22 中的色环为红、紫、绿、棕，因此其阻值为 $27 \times 10^5 \, \Omega = 2.7 \, M\Omega$，其误差为 $\pm 1\%$。

将所取电阻对照表格进行读数，例如第一条色环为绿色，表示 5，第 2 条色环为蓝色，表示 6，第 3 条色环为黑色，表示乘以 10^0，第 4 条色环为红色，表示误差为 $\pm 2\%$，因此，其阻值是 $56 \times 10^0 = 56 \, \Omega$。

表 2-1　电阻的色环

颜色	第一数字	第二数字	第三数字（4 环电阻无此环）	倍乘数	误差
黑	0	0	0	10^0	
棕	1	1	1	10^1	$\pm 1\%$
红	2	2	2	10^2	$\pm 2\%$
橙	3	3	3	10^3	
黄	4	4	4	10^4	
绿	5	5	5	10^5	$\pm 0.5\%$
蓝	6	6	6		$\pm 0.25\%$
紫	7	7	7		$\pm 0.1\%$
灰	8	8	8		
白	9	9	9		
金				10^{-1}	$\pm 5\%$
银				10^{-2}	$\pm 10\%$

对于蓝色或绿色的电阻(见图 2-23),与黄色电阻相似,首先找出表示误差的色环,将它放在右边,从左向右,前三条色环分别表示三个数字,第 4 条色环表示 10 的倍乘数,第 5 条色环表示误差。例如,色环为蓝、紫、绿、黄、棕的电阻其阻值为 $675 \times 10^4 = 6.75$ MΩ,误差为 ±1%。

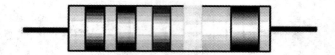

图 2-23　五色环电阻

4. 焊接前的准备工作

1)清除元件表面的氧化层

元件经过长期存放,会在元件表面形成氧化层,不但使元件难以焊接,而且影响焊接质量,因此当元件表面存在氧化层时,应首先清除元件表面的氧化层。注意用力不能过猛,以免使元件引脚受伤或折断。

清除元件表面的氧化层的方法是:左手捏住电阻或其他元件的本体,右手用锯条轻刮元件引脚的表面,左手慢慢转动,直到表面氧化层全部去除。为了使电池夹易于焊接,要将电池夹的焊接点去除氧化层。图 2-24 所示为清除元件表面和电池夹焊接点的氧化层。

(a)　　　　　　　　　　　　　　　(b)

图 2-24　清除元件表面和电池夹焊接点的氧化层

2)元件引脚的弯制成形

左手用镊子紧靠电阻的本体,夹紧元件的引脚,如图 2-25 所示,使引脚的弯折处距离元件的本体约 2 mm 以上。左手夹紧镊子,右手食指将引脚弯成直角。注意:不能用左手捏住元件本体,右手紧贴元件本体进行弯制,如果这样操作,引脚的根部在弯制过程中容易受力而损坏。

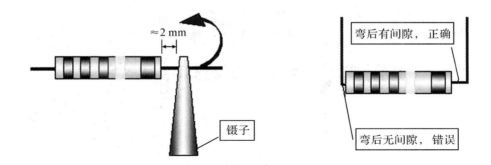

图 2-25　元件引脚的弯制成形

元件弯制后的形状如图 2-26 所示。引脚之间的距离应根据线路板孔距而定，如果孔距较小，元件较大，则应将引脚往回弯折成形，如图 2-26(b)所示。

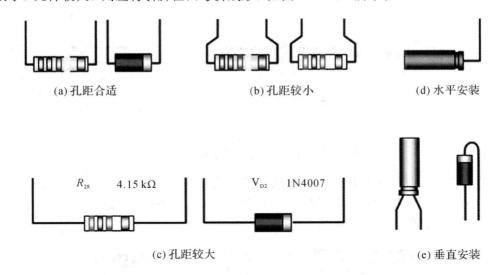

图 2-26　元件弯制后的形状

电容的引脚可以弯成直角，将电容水平安装，如图 2-26(d)所示，或弯成梯形，将电容垂直安装，如图 2-26(e)中左图所示。二极管可以水平安装，当孔距很小时应垂直安装，如图 2-26(e)中右图所示。为了将二极管的引脚弯成美观的圆形，应用螺丝刀辅助弯制，如图 2-27 所示。具体做法是：将螺丝刀紧靠二极管引脚的根部，螺丝刀与二极管引脚十字交叉，左手捏紧交叉点，右手食指将引脚向下弯，直到两引脚平行。

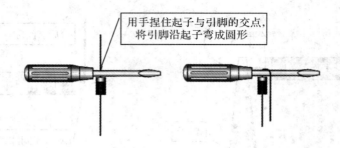

图 2-27 用螺丝刀辅助弯制

有的元件安装孔距离较大，应根据线路板上对应的孔距用尖嘴钳或镊子把元件引脚弯制成形，如图 2-28 所示。

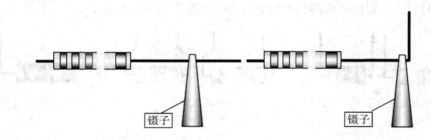

图 2-28 孔距较大元件引脚的弯制成形

元器件做好后应按规格型号的标注方法进行读数。将胶带轻轻贴在纸上，把元器件插入贴牢，在纸上写上元器件的规格型号值，然后用胶带贴紧备用，如图 2-29 所示。注意：不要把元器件引脚剪得太短。

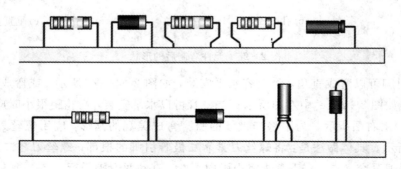

图 2-29 元件弯制后备用

3）焊接练习

在通电前应将电烙铁的电源线拉直并检查电源线的绝缘层是否损坏，不能使电源线缠在手上。通电后应将电烙铁插在烙铁架上，并检查烙铁头是否会碰到电线、书包或其他易燃物品。烙铁加热过程中及加热后都不能用手触摸烙铁的金属发热部分，以免烫伤或触电。烙铁架上的海绵要事先加水。

（1）烙铁头的保护。为了便于使用，电烙铁在每次使用前都要进行处理，即将烙铁头上的黑色氧化层锉去，露出铜的本色。在电烙铁加热过程中要注意观察烙铁头表面的颜色变化，随着颜色的变深，烙铁的温度渐渐升高，这时要及时把焊锡丝点到烙铁头上，待焊锡丝熔化后将烙铁头镀锡，镀锡后的烙铁头为银白色。

（2）烙铁头上多余锡的处理。如果烙铁头上挂有很多锡，则不易焊接，可在烙铁架中带水的海绵上或者在烙铁架的钢丝上抹去多余的锡，不可在工作台或者其他地方抹去。

（3）在练习板上焊接。焊接练习板是一块焊盘排列整齐的线路板。学生可将一根多芯电线的线芯剥出，把一股从焊接练习板的小孔中插入，将练习板放在焊接木架上，从右上角开始，排列整齐，进行焊接，如图 2-30 所示。

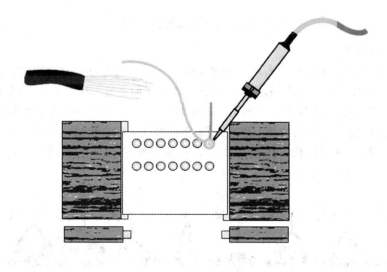

图 2-30 焊接练习

练习时注意不断总结，把握加热时间、送锡多少，不可在一个点加热时间过长，否则会烫坏线路板的焊盘。注意应尽量排列整齐，以便前后对比，改进不足。

焊接时先将电烙铁在线路板上加热，大约两秒钟后，送焊锡丝，观察焊锡量的多少，不能太多，否则会造成堆焊，也不能太少，否则会造成虚焊。当焊锡熔化、发出光泽时焊接温度最佳，应立即将焊锡丝移开，再将电烙铁移开。为了在加热中使加热面积最大，要将烙铁头的斜面靠在元件引脚上，烙铁头的顶尖抵在线路板的焊盘上，如图 2-31 所示。焊点高度一般在 2 mm 左右，直径应与焊盘相一致，引脚应高出焊点大约 0.5 mm。

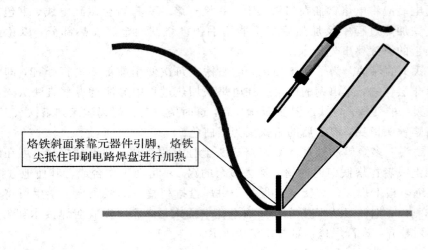

烙铁斜面紧靠元器件引脚，烙铁尖抵住印刷电路焊盘进行加热

图 2-31　焊接时电烙铁的正确位置

4）焊点的正确形状

焊点的正确形状如图 2-32 所示。图中，焊点 a 为一般焊接，比较牢固；焊点 b 为理想状态；焊点 c 焊锡较多，当焊盘较小时，可能会出现这种情况，往往有虚焊的可能；焊点 d、e 焊锡太少；焊点 f 提烙铁时方向不合适，造成焊点形状不规则；焊点 g 烙铁温度不够，焊点呈碎渣状，这种情况多数为虚焊；焊点 h 焊盘与焊点之间有缝隙，为虚焊或接触不良；焊点 I 引脚放置歪斜。对于形状不正确的焊点，元件多数没有焊接牢固，一般为虚焊点，应重焊。

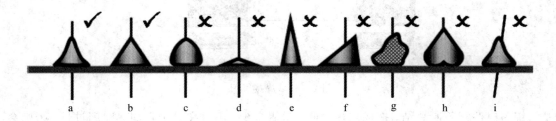

a　　b　　c　　d　　e　　f　　g　　h　　i

图 2-32　焊点的正确形状

焊点的正确形状（俯视）如图 2-33 所示。焊点 a、b 形状圆整，有光泽，焊接正确；焊点 c、d 温度不够，或抬电烙铁时发生抖动，焊点呈碎渣状；焊点 e、f 焊锡太多，将不该连

接的地方焊成短路。焊接时一定要注意尽量把焊点焊得美观牢固。

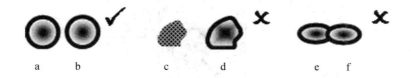

图 2-33　正确形状（俯视）

5）元器件的插放

将弯制成形的元器件对照图纸插放到线路板上。

注意：二极管、电解电容要注意极性；插放电阻时要求读数方向排列整齐，横排的必须从左向右读，竖排的从下向上读，保证读数一致，如图 2-34 所示。

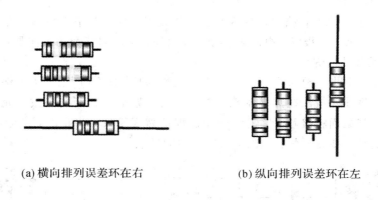

　　(a) 横向排列误差环在右　　　　　　　　(b) 纵向排列误差环在左

图 2-34　电阻色环的排列方向

6）元器件参数的检测

　　每个元器件在焊接前都要用万用表检测其参数是否在规定的范围内。对于二极管、电解电容，要检查它们的极性；对于电阻，要测量其阻值。

　　测量电阻时应将万用表的挡位开关旋钮调整到电阻挡，预读被测电阻的阻值，估计量程，将挡位开关旋钮旋到合适的量程，短接红黑表棒，调整电位器旋钮，将万用表调零，如图 2-35 所示。调零后，用万用表测量每个插放好的电阻的阻值。测量不同阻值的电阻时要使用不同的挡位，每次换挡后都要调零。为了保证测量的精度，要使测出的阻值在满刻度的 2/3 左右，过大或过小都会影响读数，应及时调整量程。注意：一定要先插放电阻，后测阻值，这样不但检查了电阻的阻值是否准确，同时还检查了元件的插放是否正确。如果插放前测量电阻，则只能检查元件的阻值，而不能检查插放是否正确。

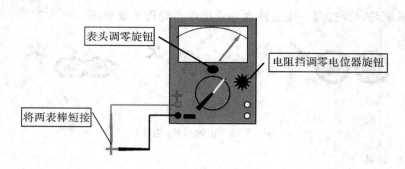

图 2-35　万用表调零

5. 元器件的焊接与装配

1）元器件的焊接

在焊接练习板上练习合格后，对照图纸插放元器件，用万用表校验，检查每个元器件插放是否正确、整齐，二极管、电解电容极性是否正确，电阻读数的方向是否一致，全部合格后方可进行元器件的焊接。

焊接完后的元器件，要求排列整齐，高度一致，如图 2-36 所示。为了保证焊接的整齐美观，焊接时应将线路板架在焊接木架上焊接，两边架空的高度要一致。元件插好后，要调整位置，使它与桌面相接触，保证每个元件焊接高度一致。焊接时，电阻不能离开线路板太远，也不能紧贴线路板焊接，以免影响电阻的散热。

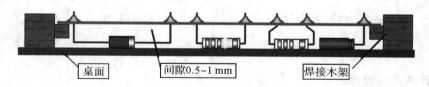

图 2-36　元器件的排列 1

焊接时如果线路板未放水平，则应重新加热调整。图 2-37 中，线路板未放水平，使二极管两端引脚长度不同，离开线路板太远；电阻放置歪斜；电解电容折弯角度大于 90°，易将引脚弯断。调整后应先焊接水平放置的元器件，然后焊接垂直放置的或体积较大的元器件，如分流器、可调电阻等，如图 2-38 所示。

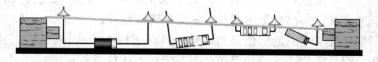

图 2-37　元器件的排列 2

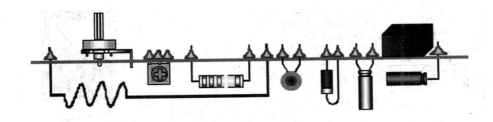

图 2 - 38　元器件的排列 3

2）错焊元件的拔除

当元件焊错时，要将错焊元件拔除。先检查焊错的元件应该焊在什么位置，正确位置的引脚长度是多少。如果引脚较短，则为了便于拔出，应先将引脚剪短。在烙铁架上清除烙铁头上的焊锡，将线路板绿色的焊接面朝下，用烙铁将元件脚上的锡尽量刮除，然后将线路板竖直放置，用镊子在黄色面将元件引脚轻轻夹住，在绿色面用烙铁轻轻烫，同时用镊子将元件拔除。拔除后的焊盘孔容易堵塞，有两种方法可以解决这一问题：一种方法是用电烙铁稍烫焊盘，用镊子夹住一个废元件脚，将堵塞的孔通开；另一种方法是将元件做成正确的形状，并将引脚剪到合适的长度，用镊子夹住元件，放在被堵塞孔的背面，用烙铁在焊盘上加热，将元件推入焊盘孔中。

注意用力要轻，不能将焊盘推离线路板，使焊盘与线路板间形成间隙或者使焊盘与线路板脱开。

3）电位器的安装

电位器共有五个引脚，如图 2 - 39 所示。电位器三个并排的引脚中，1、3 两点为固定触点，2 为可动触点，当旋钮转动时，1、2 或者 2、3 间的阻值发生变化。电位器实质上是一个滑线电阻，电位器的两个粗的引脚主要用于固定电位器。安装时应捏住电位器的外壳，平稳地插入，不要使某一个引脚受力过大。不能捏住电位器的引脚安装，以免损坏电位器。安装前应用万用表测量电位器的阻值，电位器 1、3 为固定触点，2 为可动触点，1、3之间的阻值应为 10 kΩ，拧动电位器的黑色小旋钮，测量 1 与 2 或者 2 与 3 之间的阻值应在0 到 10 kΩ 之间变化。如果没有阻值或者阻值不改变，说明电位器已经损坏，不能安装，否则待 5 个引脚焊接后，要更换电位器就非常困难。注意电位器要装在线路板的绿色面，不能装在黄色面。

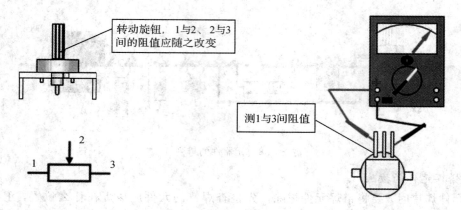

图 2 - 39 电位器阻值的测量

4）分流器的安装

安装分流器时要注意方向，不能让分流器影响线路板及其余电阻的安装，如图 2 - 40 所示。

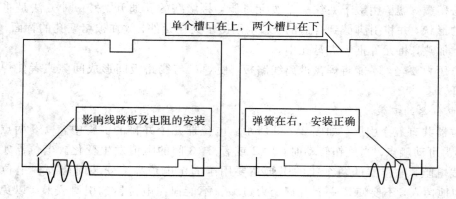

图 2 - 40 分流电阻的安装

5）输入插管的安装

输入插管装在线路板绿色面，是用来插表棒的，因此一定要焊接牢固。将其插入线路板中，用尖嘴钳在黄色面轻轻捏紧，将其固定并保持垂直，最后将两个固定点焊接牢固。

6）晶体管插座的安装

晶体管插座装在线路板绿色面，用于判断晶体管的极性。在绿色面的左上角有 6 个椭圆的焊盘，中间有两个小孔，用于定位晶体管插座，安装前应先将其放入小孔中检查是否合适，如果小孔直径小于定位突起物，则应用锥子稍微将孔扩大，使定位突起物能够插入。将晶体管插片插入晶体管插座中，检查是否松动。如果松动，则应将其拨出并将其弯成如

图 2-41 所示的形状，之后插入晶体管插座中，将其伸出部分折平。

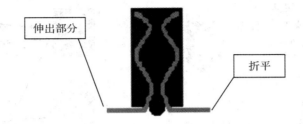

图 2-41 晶体管插片的弯制与固定

晶体管插片装好后，将晶体管插座装在线路板上，使其垂直，并将 6 个椭圆的焊盘焊接牢固。

7）焊接时的注意事项

（1）焊接时一定要注意电刷轨道上一定不能黏上焊锡，否则会严重影响电刷的运转，如图 2-42 所示。为了防止焊锡飞溅到电刷轨道上，应使用一张圆形厚纸垫在线路板上。

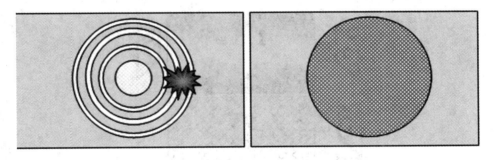

图 2-42 电刷轨道的保护

（2）如果电刷轨道上黏了焊锡，则应将其绿色面朝下，用没有焊锡的烙铁将锡尽量刮除。但线路板上的金属与焊锡的亲和性强，一般不能刮尽，只能用小刀稍微修平整。

（3）在每一个焊点加热的时间不能过长，否则会使焊盘脱开或脱离线路板。对焊点进行修整时，要让焊点有一定的冷却时间，否则不但会使焊盘脱开或脱离线路板，而且会使元器件温度过高而损坏。

8）电池极板的焊接

焊接前要先检查电池极板的松紧，如果太紧，则应将其调整。调整的方法是：用尖嘴钳将电池极板侧面的突起物稍微夹平，使它能顺利地插入电池极板插座且不松动，如图 2-43 所示。

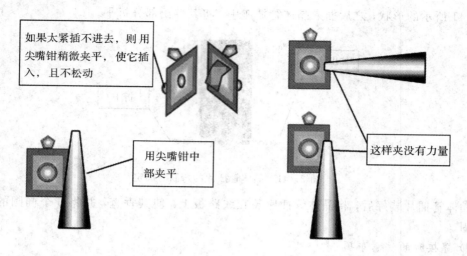

图 2-43　调整电池极板松紧

电池极板安装的位置如图 2-44 所示。图中极板不能对调，否则电路无法接通。

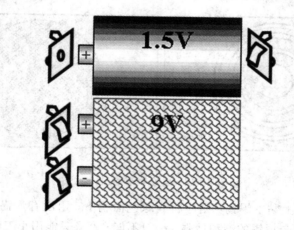

图 2-44　电池极板安装的位置

　　焊接时应将电池极板拔起，否则高温会把电池极板插座的塑料烫坏。为了便于焊接，应先将电池极板焊接部位锉毛，去除氧化层，再用加热的电烙铁为其搪锡。之后将连接线线头剥出，如果是多股线则应将其拧紧，然后蘸松香并搪锡。用电烙铁烫化电池极板上已有的焊锡，迅速将连接线插入并移开电烙铁。如果时间稍长，则将会使连接线的绝缘层烫化，影响其绝缘。连接线焊接的方向如图 2-45 所示。连接线焊好后将电池极板压下，安装到位。

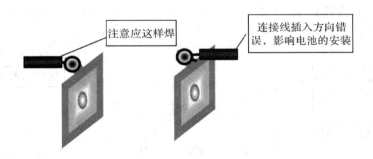

图 2-45　连接线焊接的方向

6. 机械部分的装配与调整

1）提把的装配

后盖侧面有两个"O"形小孔，它们是提把铆钉安装孔。提把放在后盖上，将两个黑色的提把橡胶垫圈垫在提把与后盖中间，然后从外向里将提把铆钉按其方向卡入，听到"咔嗒"声后说明已经安装到位。如果听不到"咔嗒"声，则可能是橡胶垫圈太厚，应更换后重新安装。

安装后用大拇指放在后盖内部，四指放在后盖外部，用四指包住提把铆钉，大拇指向外轻推，检查铆钉是否已安装牢固。注意一定要用四指包住提把铆钉，否则会使其丢失。将提把转向朝下，检查其是否能起支撑作用，如果不能支撑，则说明橡胶垫圈太薄，应更换后重新安装。

2）电刷旋钮的装配

取出弹簧和钢珠，将其放入凡士林中，使其黏满凡士林。加油有两个作用：使电刷旋钮润滑，旋转灵活；起黏附作用，将弹簧和钢珠黏附在电刷旋钮上，防止其丢失。将加上润滑油的弹簧放入电刷旋钮的小孔中，钢珠黏附在弹簧的上方，如图 2-46 所示。

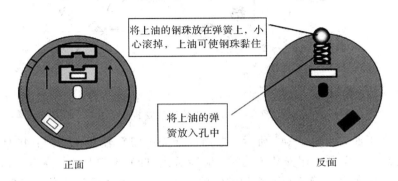

正面　　　　　　　　　　　　　　　　反面

图 2-46　弹簧、钢珠的安装

观察面板背面的电刷旋钮安装部位，如图 2-47 所示，它由 3 个电刷旋钮固定卡、2 个电刷旋钮定位弧、1 个钢珠安装槽和 1 个花瓣形钢珠滚动槽组成。

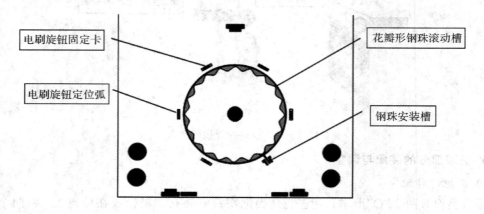

图 2-47　面板背面的电刷旋钮安装部位

将电刷旋钮平放在面板上，注意电刷放置的方向，如图 2-48 所示。用起子轻顶钢珠，卡入花瓣槽内，然后手指均匀用力将电刷旋钮卡入固定卡。

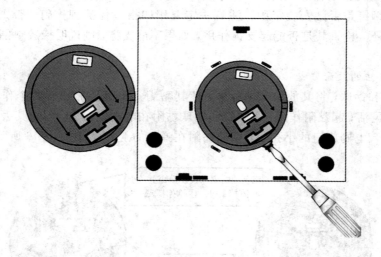

图 2-48　电刷旋钮的安装

将面板翻到正面，如图 2-49 所示，把挡位开关旋钮轻轻套在从圆孔中伸出的小手柄上，慢慢转动旋钮。电刷旋钮安装正确时，应能听到"咔嗒咔嗒"的定位声。如果听不到则可能钢珠丢失或掉进电刷旋钮与面板间的缝隙，这时挡位开关无法定位，应拆除重装。

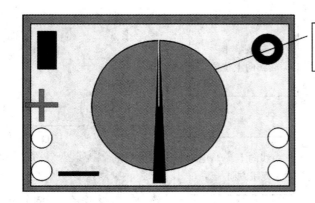

图 2-49 检查电刷旋钮是否装好

　　重装时先将挡位开关旋钮轻轻取下，用手轻轻顶小孔中的手柄，如图 2-50 所示，同时用手依次轻轻扳动反面三个定位卡，注意用力一定要轻且均匀，否则会把定位卡扳断。注意小心钢珠不要滚落。

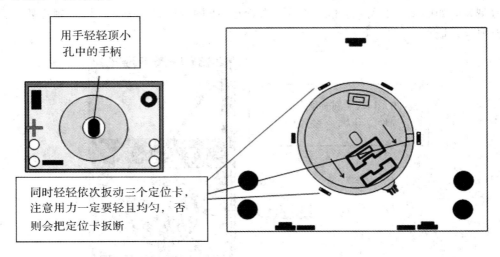

图 2-50 电刷旋钮的拆除

3）挡位开关旋钮的装配

　　电刷旋钮安装正确后，将它转到电刷安装卡向上位置，如图 2-51 所示，将挡位开关旋钮的白线标志向上，套在正面电刷旋钮的小手柄上，向下压紧即可。

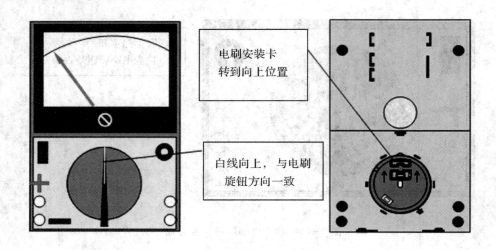

图 2-51 挡位开关旋钮的安装

　　如果白线标志与电刷安装卡方向相反，则必须拆下重装。拆除时，应用平口起子对称地轻轻撬动，如图 2-52 所示，依次按左、右、上、下的顺序将其撬下。注意用力要轻且对称，否则容易撬坏。

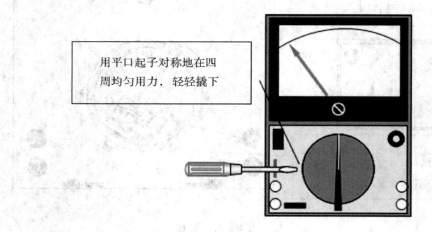

图 2-52 挡位开关旋钮的拆除

　　4）电刷的装配

　　将电刷旋钮的电刷安装卡转向朝上。V 形电刷有一个缺口，应该放在左下角。线路板的 3 条电刷轨道，外侧 2 条间隙较大，电刷与此相对应。当缺口在左下角时电刷接触点上面2个相距较远，下面2个相距较近，如图2-53所示。

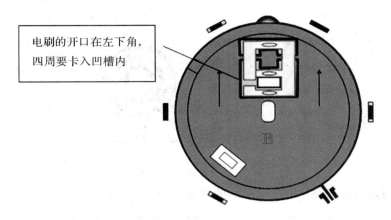

电刷的开口在左下角，四周要卡入凹槽内

图2-53 电刷的安装

安装时电刷四周都要卡入电刷安装槽内，安装后用手轻轻按，看是否有弹性并能自动复位。如果电刷安装的方向不对（见图2-54），将使万用表失效或损坏。图2-54中，图(a)开口在右上角，电刷中间的触点无法与电刷轨道接触，万用表无法正常工作，且外侧的两圈轨道中间有焊点，使中间的电刷触点与之相摩擦，从而使电刷受损。图(b)和图(c)开口在左上角和右下角，3个电刷触点均无法与轨道正常接触，电刷在转动过程中与外侧两圈轨道中的焊点相刮，会使电刷很快折断，从而使电刷损坏。

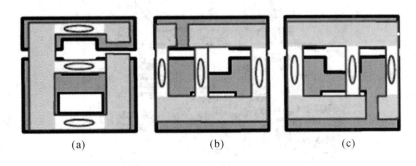

(a)　　　　　　　　(b)　　　　　　　　(c)

图2-54 电刷的错误安装

5）线路板的装配

电刷安装正确后方可安装线路板。安装线路板前应先检查线路板焊点的质量及高度，特别是在外侧两圈轨道中的焊点，如图2-55所示。由于电刷要从中通过，安装前一定要检查焊点高度，不能超过2 mm，直径不能太大，否则焊点太高会影响电刷的正常转动甚至刮断电刷。

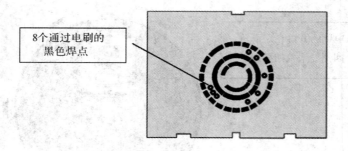

图 2-55　检查焊点高度

MF47 万用表线路板整体装配完成后的效果图如图 2-56 所示。

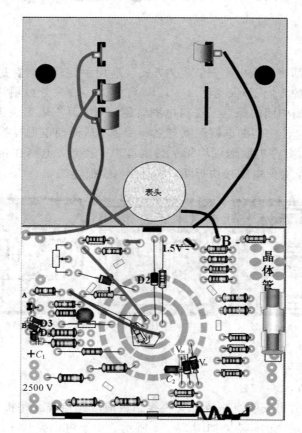

图 2-56　万用表线路板装配安成后的效果图

线路板用三个固定卡固定在面板背面，将线路板水平放在固定卡上，依次卡入即可。如果要拆下重装，依次轻轻扳动固定卡。注意在安装线路板前应先将表头连接线焊上。最后安装电池和后盖，拧上后盖螺丝。注意拧螺丝时用力不可太大，以免将螺孔拧坏。

7. 万用表的调试

万用表装配完成以后，下一步工作就是进行调试。在调试之前首先需要准备一节 2 号 1.5 V 的电池和一节 9 V 电池。需要准备的仪器有：交直流稳压电源和标准电阻箱。

1）电阻挡调试

将 1.5 V 电池和 9 V 电池按对应位置装入万用表。将万用表挡位开关置于欧姆挡，首先观察表针是否处于零点，如果不是处于零点，可以通过表头中间的机械调零来调整。然后进行各电阻挡的调试。

在每个电阻挡进行调试之前，先将挡位开关置于相应电阻挡位，再将红、黑表笔短接，调节调零电位器进行调零。然后将红、黑表笔接入标准电阻箱，读取万用表上的电阻数值是否与标准电阻箱的标称阻值相近，如果相等或偏差不大（±1% 左右），则说明该电阻挡工作正常。这里要注意挡位和电阻箱标称阻值的对应选择关系，为了方便读数和精度要求，选取电阻箱的标称阻值应以便于在万用表上读数为原则。例如，调试 $R\times 1$ k 挡时，最好选取电阻箱的标称阻值为 10 kΩ 左右，这样可以使读数更准确一点。又如，如果调试的是 $R\times 1$ 挡，则电阻箱标称阻值最好在几欧到几十欧之间，以此类推。

在电阻挡调试时，如果出现表针无偏转、指针满偏以及偏转数值不正确等现象，则说明该电阻挡调试未通过，要进行故障排除后再进行后续调试。

2）直流电压挡调试

用直流稳压电源输出一标准电压 6 V，将万用表挡位开关置于直流电压 10 V 挡。红表笔接到直流稳压电源输出端的正极，黑表笔接到直流稳压电源输出端的负极，读取万用表表盘上的读数，看其是否与标称值 6 V 相等，如果相等或偏差不大，则说明直流电压 10 V 挡工作正常。按照这个原理，提供不同大小的直流电压，分别调试其他直流电压挡位，但要注意输入的直流电压不能超过所调试挡位的电压范围。

根据电路原理可知，在直流电压挡工作时是不需要内部电池供电的，所以一种简单的调试方法是将 1.5 V 电池取下，采用可用于调试直流 2.5 V 或 10 V 的挡位。

在直流电压挡调试时，如果出现表针无偏转或读数偏差过大等现象，则说明相应直流电压挡调试未通过，要进行故障检修与排除后再进行后续调试。

3）交流电压挡调试

用交流稳压电源输出一标准交流电压 36 V，将万用表挡位开关置于交流电压 50 V 挡。此时，由于交流电压无正负极之分，所以电源输出端可随意接入，读取万用表表盘上的读数，看其是否与标称值交流 36 V 相等，如果相等或偏差不大，则说明交流电压 50 V 挡工作正常。按照这个原理,提供不同大小的交流电压,分别调试其他交流电压挡位,但要注意输入的交流电压不能超过所调试挡位的电压范围。

由于实验台所提供的市电为交流 220 V 左右,所以一种简单的调试方法是利用市电进行交流电压挡的调试,此时注意万用表的挡位开关要置于交流电压 250 V 挡,以免挡位过小损坏万用表。另外,由于电压较高,操作时要注意人身安全,防止触电。

在交流电压挡调试时,如果出现表针无偏转或读数偏差过大等现象,则说明相应交流电压挡调试未通过,要进行故障检修与排除后再进行后续调试。

4)直流电流挡调试

在进行直流电流挡调试时要注意,用万用表测量电流时万用表是串在电路之中的。调试时可以使用专门的恒流源来进行调试,这是因为经过以上几个步骤的调试,万用表基本上已经没有问题了,所以为简单起见,可以用现有的 1.5 V 电池进行粗略的调试。将万用表红表笔插入 5 A 挡,根据电路原理,此时挡位开关应置于直流 500 mA 挡,然后将红表笔接电池正极,黑表笔碰触电池负极,测得电流值为 1~2 A,基本说明 5 A 挡工作正常了。其余电流挡位的调试最好用恒流源来进行调试,这里不再叙述。

在直流电流挡调试时,如果出现表针无偏转或读数偏差过大等现象,则说明相应直流电流挡调试未通过,要进行故障的检修与排除。

2.4 MF47 型万用表的故障检修

万用表在调试过程中有可能出现各种故障。根据电路原理,快速准确地排除故障是必备技能之一,下面列举几种常见的故障及检修方法。

故障 1 调试电阻挡时,红黑表笔短接,表针无偏转。

调试电阻挡时,在红黑表笔短接的情况下,万用表电路有以下通路:万用表红表笔插座 → 0.5 A 保险丝 → 电池负极 → 电池正极 → 电刷 → R_{14} → R_{P1} → R_{P2} → 表头"+"极 → 表头"一"极 → 万用笔黑表笔插座。在以上通路中,如果有哪一点不通,就可能出现以上故障。一般情况下,多数故障是 0.5 A 保险丝断了或 R_{P1} 调零电位器开路或损坏,所以应重点检查这两个元件。如果这两个元件没有问题,则应检查该通路中其他元件有无虚焊或开路的情况存在。

故障 2 调试电阻挡时,测量电阻时某一电阻挡位满偏。

调试电阻挡时,在测量电阻时,万用表内部电路除了存在如上通路,每一电阻挡位的通路中还存在一条分流支路,即由 R_{15}、R_{16}、R_{17} 和 R_{18} 所组成的×1 k、×100、×10 和×1 挡的分流支路。如果具体某一电阻挡位满偏,则应检查相应的分流电阻支路是否虚焊开路。若某一电阻挡位的分流支路开路，则电流未经分流流过表头，导致流过表头的电流过大，产生满偏现象。

故障3　调试电阻挡时，红黑表笔短接，指针满偏且不能调零。

在测量电阻时，选择某一电阻挡位后，应将红黑表笔短接进行调零。这时万用表内部电路中存在如故障1所述的通路，另外还存在一条公共分流支路，即由 R_{21} 和 R_{P1} 的一部分所组成的分流支路，这一支路是电阻挡的公共分流支路。如果这条分流支路不通，没有分流功能，则流过表头的电流过大，会产生满偏且不能调零现象。这时应重点检查电位器 R_{P1} 的引脚是否虚焊或 R_{P1} 是否开路或损坏。

故障4　调试电阻挡时，某一电阻挡测量值不准确，其余电阻挡位正常。

在调试电阻挡时，若某一电阻挡测量电阻不准确，偏差较大，其余电阻挡正常，则说明电阻挡的公共通路部分应该没有问题，故障可能出在该电阻挡的单独分流支路。例如，用 $R \times 1$ k挡测量 10 kΩ 电阻时，万用表显示的值偏大，则根据电路原理可以判断，$R \times 1$ k 挡的分流电阻 R_{15} 可能焊错（电阻值小于 55.4 kΩ），导致该支路分流过大，致使流过表头的电流偏小，指针偏转量偏小，因而读数偏大。

故障5　电阻挡正常，调试直流电压挡时，每个直流挡位指针均无反应。

电阻挡正常，说明表头公共部分电路没有问题，而每个直流电压挡测试时均无反应，则应重点检查直流电压挡的公共电路部分，首先排除电刷接触不良的可能性，然后检查电阻 R_{22} 是否漏焊、虚焊等，也有可能是电路板上的 J_1 短接线未连接正确。

故障6　调试交流电压挡位时，指针反偏。

根据电路原理，测试交流电压时，交流电压要经 V_{D1} 整流后，得到直流电压，再送到表头。如果 V_{D1} 接反，则整流后的直流电压为负电压，它所形成的电流流过表头将使表针反偏。所以当出现这种故障现象时，应重点检查整流二极管 V_{D1} 是否焊反。

故障7　调试直流电流挡时，5 A 挡位正常，其余电流挡位无反应。

调试直流电流挡时，5 A 挡位正常，其余挡位无反应，这种情况下，首先要分析 5 A 挡位与其他直流电流挡有什么区别。分析电路可知，区别在于 5 A 挡是不经过保险丝的，而其他电流挡要经过保险丝。除了这个区别外，其他部分是它们的公共通路。所以这时应重点检查保险丝是否已损坏。

故障8　调试直流电流挡，5 A 和 500 mA 挡测试时指针满偏，其余电流挡正常。

分析电路可以发现，5 A 和 500 mA 两个电流挡位的分流支路与其余电流挡位的分流支路是不一样的，5 A 挡位的分流支路是 R_{29} 分流器，500 mA 挡位的分流支路是 R_{29} 和 R_1 的串联，其余电流挡位的分流支路分别是 R_2、R_3 和 R_4。所以出现此故障现象一般是由于 5 A 和 500 mA 两个挡位的分流支路的公共部分（即 R_{29} 分流器）可能虚焊开路了，导致这两个电流挡位不能分流，因而流过表头电流过大，出现满偏现象。

2.5　MF47 型万用表的使用

1. MF47 型万用表面板的结构

1）表头

表头的准确度等级为 1 级（即表头自身的灵敏度误差为 ±1%），水平放置，为整流式仪表，绝缘强度试验电压为 5000 V。表头中间下方的小旋钮为机械零位调节旋钮。

表头共有七条刻度线，从上向下分别为电阻（黑色）、直流毫安（黑色）、交流电压（红色）、晶体管共射极直流放大系数 h_{FE}（绿色）、电容（红色）、电感（红色）、分贝（红色）等。

2）挡位开关

挡位开关共有五挡，分别为交流电压挡、直流电压挡、直流电流挡、电阻挡及晶体管挡，共 24 个量程。

3）插孔

MF47 型万用表共有四个插孔：左下角红色"＋"为红表棒，正极插孔；黑色"－"为公共黑表棒插孔；右下角"2500 V"为交直流 2500 V 插孔；"5 A"为直流 5 A 插孔。

4）机械调零

机械调零的方法是：旋动万用表面板上的机械零位调整螺钉，使指针对准刻度盘左端的"0"位置。

2. 读数

读数时目光应与表面垂直，使表指针与反光铝膜中的指针重合，以确保读数的精度。检测时先选用较高的量程，根据实际情况调整量程，最后使读数在满刻度的 2/3 附近。

3. 直流电压测量

把万用表两表棒插好，红表棒接"＋"，黑表棒接"－"，把挡位开关旋钮置于直流电压挡，并选择合适的量程。当被测电压数值范围不确定时，应先选用较高的量程，把万用表两表棒并接到被测电路上，红表棒接直流电压正极，黑表棒接直流电压负极，不能接反。

4. 交流电压测量

测量交流电压时将挡位开关旋钮置于交流电压挡，不分正负极，与测量直流电压相似，然后进行读数，其读数为交流电压的有效值。

5. 直流电流测量

把万用表两表棒插好，红表棒接"＋"，黑表棒接"－"，把挡位开关旋钮打到直流电流挡，并选择合适的量程。当被测电流数值范围不确定时，应先选用较高的量程。把被测电路断开，将万用表两表棒串接到被测电路上，注意直流电流从红表棒流入，从黑表棒流出，不能接反。

6. 电阻测量

插好表棒，将挡位开关旋钮置于电阻挡，并选择量程。短接两表棒，旋动电阻调零电位器旋钮进行电阻挡调零，使指针置于电阻刻度右边的"0"Ω处，将被测电阻脱离电源，用两表棒接触电阻两端，表头指针显示的读数乘以所选量程即为电阻的阻值。例如，选用 $R \times 10$ 挡测量，指针指示 50，则被测电阻的阻值为 50 Ω×10＝500 Ω。如果示值过大或过小，则要重新调整挡位，以保证读数的精度。

7. 万用表的使用注意事项

（1）测量时不能用手触摸表棒的金属部分，以保证安全和测量的准确性。

（2）测量直流量时注意被测量的极性，以避免表针反偏、打坏表头。

（3）不能带电调整挡位或量程，以避免电刷的触点在切换过程中产生电弧而烧坏线路板或电刷。

（4）测量完毕后应将挡位开关旋钮旋到交流电压最高挡或空挡。

（5）不允许测量带电的电阻，否则会烧坏万用表。

（6）万用表内电池的正极与面板上的"－"插孔相连。负极与面板"＋"插孔相连。如果不用时误将两表棒短接，则会使电池很快放电并流出电解液，从而腐蚀万用表，因此不用时应将电池取出。

（7）在测量电解电容和晶体管等器件时要注意极性。

（8）电阻挡每次换挡都要进行调零。

（9）不允许用万用表电阻挡直接测量高灵敏度的表头内阻，以免烧坏表头。

（10）一定不能用电阻挡测电压，否则会烧坏熔断器或损坏万用表。

小　结

万用表是一种多功能、多量程的便携式电工仪表，一般的万用表可以测量直流电流、交直流电压和电阻，有些万用表还可测量电容、电感、功率、晶体管共射极直流放大系数 h_{FE} 等。

MF47 型万用表是一种量限多、分挡细、灵敏度高、体形轻巧、性能稳定、过载保护可靠、读数清晰、使用方便的新型万用表。

MF47 型万用表主要由表头、挡位转换开关、测量线路板、面板等组成。

MF47 型万用表安装步骤是：清点材料，二极管、电容、电阻的认识，焊接前的准备工作，元器件的焊接与安装，机械部件的安装与调整。

✳✳✳✳✳✳✳✳
✳**习　题**✳
✳✳✳✳✳✳✳✳

1. MF47 型万用表电阻挡的工作原理是什么？
2. 如何用 MF47 型万用表测电压和电流？
3. MF47 型万用表装配的基本步骤有哪些？
4. 简述 MF47 型万用表的调试步骤。
5. MF47 型万用表的常见故障有哪些？如何检修？

项目三 直流稳压电源实训

项目目标

(1) 掌握直流稳压电源的基本组成。

(2) 了解直流稳压电源的性能指标与测试方法。

(3) 掌握直流稳压电源电路的设计、安装与调试方法。

3.1 直流稳压电源的基本组成

直流稳压电源一般由电源变压器、整流滤波电路及稳压电路组成，如图 3-1 所示。

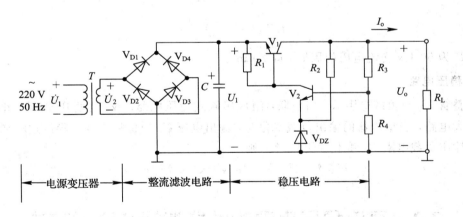

图 3-1 直流稳压电源基本电路

1. 电源变压器

电源变压器的作用是将电网 220 V 的交流电压 U_1 变换成整流滤波电路所需要的交流电压 U_2。变压器副边与原边的功率比为

$$\eta = \frac{P_2}{P_1} \qquad (3-1)$$

式中，η 为变压器的效率。一般小型变压器的效率如表 3-1 所示。

表 3-1　小型变压器的效率

副边功率 $P_2/(\text{V} \cdot \text{A})$	<10	10~30	30~80	80~200
效率 η	0.6	0.7	0.8	0.85

2. 整流滤波电路

整流二极管 $V_{D1} \sim V_{D4}$ 组成单相桥式整流电路，将交流电压 U_2 变成脉动的直流电压，再经滤波电容 C 滤除纹波，输出直流电压 U_i。U_i 与交流电压的有效值 U_2 的关系为

$$U_i = (1.1 \sim 1.2)U_2 \qquad (3-2)$$

每只整流二极管承受的最大反向电压为

$$U_{RM} = \sqrt{2}U_2 \qquad (3-3)$$

通过每只二极管的平均电流为

$$I_D = 0.5I_R = \frac{0.45U_2}{R} \qquad (3-4)$$

式中，R 为整流滤波电路的负载电阻，它为电容 C 提供放电回路。RC 放电时间常数应满足：

$$RC > \frac{(3 \sim 5)T'}{2} \qquad (3-5)$$

式中，T' 为 50 Hz 交流电压的周期，即 20 ms。

3. 稳压电路

调整管 V_1 与负载电阻 R_L 相串联，组成串联式稳压电路。V_2 与稳压管 V_{DZ} 组成采样比较放大电路，当稳压器的输出负载变化时，输出电压 U_o 应保持不变。稳压过程如下：
设输出负载电阻 R_L 变化，使 $U_o \uparrow$，则

$$U_{B2} \uparrow \, -U_{C2} \downarrow \, -I_{B1} \downarrow \, -U_{CE1} \uparrow \, -U_o \downarrow$$

3.2　直流稳压电源的性能指标与测试方法

1. 最大输出电流

稳压电源正常工作时能输出的最大电流用 I_{omax} 表示。一般情况下，工作电流 $I_o <$ I_{omax}。稳压电路内部应有保护电路，以防止 $I_o > I_{omax}$ 时损坏稳压器。

2. 输出电压

稳压电源的输出电压用 U_o 表示。采用如图 3-2 所示的测试电路，可以同时测量 U_o 与 I_{omax}。测试过程是：输出端接负载电阻 R_L，输入端接 220 V 的交流电压，数字电压表的测量值即为 U_o；使 R_L 逐渐减小，直到 U_o 的值下降 5%，此时流经负载 R_L 的电流即为 I_{omax}（记下 I_{omax} 后迅速增大 R_L，以减小稳压电源的功耗）。

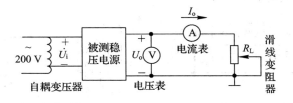

图 3-2　稳压电源性能指标测试电路

3. 纹波电压

叠加在输出电压 U_o 上的交流分量一般为 mV 级。可将其放大后，用示波器观测其峰-峰值 ΔU_{opp}，也可以用交流电压表测量其有效值 ΔU。由于纹波电压不是正弦波，所以用有效值衡量存在一定误差。

4. 稳压系数

在负载电流 I_o、环境温度 T 不变的情况下，输入电压的相对变化引起输出电压的相对变化，即稳压系数

$$S_v = \frac{\Delta U_o / U_o}{\Delta U_i / U_i} \quad (I_o = C, \ T = C) \tag{3-6}$$

S_v 的测量电路如图 3-2 所示。测试过程是：先调节自耦变压器使输入电压增加 10%，即 $U_i = 242$ V，测量此时对应的输出电压 U_{o1}；再调节自耦变压器使输入电压减少 10%，即 $U_i = 198$ V，测量这时的输出电压 U_{o2}，测 $U_i = 220$ V 时对应的输出电压 U_o，则稳压系数：

$$S_v = \frac{\Delta U_o / U_o}{\Delta U_i / U_i} = \frac{220}{242 - 198} \cdot \frac{U_{o1} - U_{o2}}{U_o} \tag{3-7}$$

3.3　集成直流稳压电源的组成

1. 集成稳压器

常见集成稳压器有固定式三端稳压器与可调式三端稳压器，下面分别介绍其典型应用

及选择原则。

固定式三端稳压器的常见产品如图 3 - 3 所示。其中,CW78×× 系列稳压器输出固定的正电压,如 CW7805 输出为 ＋5 V;CW79×× 系列稳压器输出固定的负电压,如 CW7905 输出为 －5 V。输入端接电容 C_i 可以进一步滤除纹波,输出端接电容 C_o 能改善负载的瞬态影响,使电路稳定工作。C_i、C_o 最好采用漏电流小的钽电容,如果采用电解电容,则电容量要比图中数值增加 10 倍。

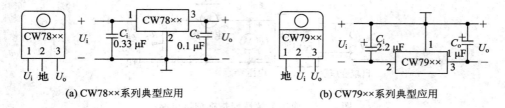

(a) CW78××系列典型应用   (b) CW79××系列典型应用

图 3 - 3　固定式三端稳压器的典型应用

可调式三端稳压器能输出连续可调的直流电压。其常见产品如图 3 - 4 所示。

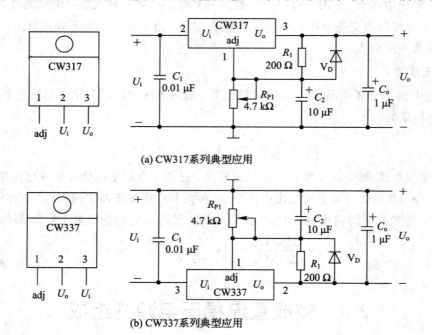

(a) CW317系列典型应用

(b) CW337系列典型应用

图 3 - 4　可调式三端稳压器的典型应用

图 3 - 4 中,CW317 系列稳压器输出连续可调的正电压,CW337 系列稳压器输出连续

可调的负电压。稳压器内部含有过流、过热保护电路。R_1 与 R_{P1} 组成电压输出调节电路，输出电压：

$$U_o \approx 1.25\left(1 + \frac{R_{P1}}{R_1}\right) \tag{3-8}$$

R_1 的值为 $120\sim240\ \Omega$，流经 R_1 的泄放电流为 $5\sim10\ mA$。R_{P1} 为精密可调电位器。电容 C_2 与 R_{P1} 并联组成滤波电路，以减小输出的纹波电压。二极管 V_D 的作用是防止输出端与地短路时，损坏稳压器。

集成稳压器的输出电压 U_o 与稳压电源的输出电压相同。稳压器的最大允许电流 $I_{CM} < I_{omax}$，输入电压 U_i 的范围为

$$U_{omax} + (U_i - U_o)_{min} \leqslant U_i \leqslant U_{omin} + (U_i - U_o)_{max} \tag{3-9}$$

式中，U_{omax} 为最大输出电压；U_{omin} 为最小输出电压；$(U_i - U_o)_{min}$ 为稳压器的最小输入、输出压差；$(U_i - U_o)_{max}$ 为稳压器的最大输入、输出压差。

2. 电源变压器

通常根据变压器副边输出的功率 P_2 来选购(或自绕)变压器。由式(3-2)可得变压器副边的输出电压 U_2 与稳压器输入电压 U_i 的关系。U_2 的值不能取大，U_2 越大，稳压器的压差越大，功耗也越大。一般取 $U_2 \geqslant U_{imin}/1.1$，$I_2 > I_{omax}$。

3. 整流二极管及滤波电容

整流二极管 V_{D2} 的反向击穿电压 U_{RM} 应满足 $U_{RM} > U_2$，其额定工作电流应满足 $I_F > I_{omax}$。

滤波电容 C 可由下式估算：

$$C = \frac{I_C t}{\Delta U_{ipp}} \tag{3-10}$$

式中，ΔU_{ipp} 为稳压器输入端纹波电压的峰-峰值；t 为电容 C 的放电时间，$t = T/2 = 0.01\ s$；I_C 为电容 C 的放电电流，可取 $I_C = I_{omax}$，滤波电容 C 的耐压值应大于 U_2。

3.4　电路设计、安装与调试

1. 集成直流稳压电源的设计方法

集成直流稳压电源的性能指标要求是：$U_o = +3 \sim +9\ V$，$I_{omax} = 800\ mA$，$\Delta U_{opp} \leqslant 5\ mV$，$S_v \leqslant 3 \times 10^{-3}$。

1）选择集成稳压器，确定电路形式

选可调式三端稳压器 CW317，其特性参数 $U_o = +1.2 \sim +37$ V，$I_{omax} = 1.5$ A，最小输入、输出压差 $(U_i - U_o)_{min} = 3$ V，最大输入、输出压差 $(U_i - U_o)_{max} = 40$ V。组成的稳压电源电路如图 3-5 所示。由式（3-8）得 $U_o = 1.25(1 + R_{P1}/R_1)$，取 $R_1 = 240$ Ω，则 $R_{P1min} = 336$ Ω，$R_{P1max} = 1.488$ kΩ，故取 R_{P1} 为 4.7 kΩ 的精密线绕可调电位器。

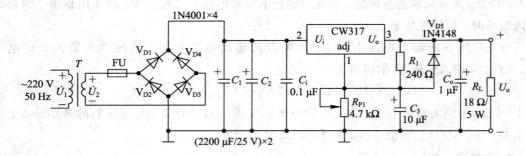

图 3-5　直流稳压电源实验电路

2）选择电源变压器

由式（3-9）可得输入电压 U_i 的范围为

$$U_{omax} + (U_i - U_o)_{min} \leqslant U_i \leqslant U_{omin} + (U_i - U_o)_{max}$$

$$12 \text{ V} \leqslant U_i \leqslant 43 \text{ V}$$

副边电压 $U_2 \geqslant U_{imin}/1.1 = 12/1.1$ V，取 $U_2 = 11$ V，副边电流 $I_2 > I_{omax} = 0.8$ A，取 $I_2 = 1$ A，则变压器副边输出功率 $P_2 \geqslant I_2 U_2 = 11$ W。

由表 3-1 可得变压器的效率 $\eta = 0.7$，则原边输入功率 $P_1 \geqslant P_2/\eta = 15.7$ W。为留有余地，选功率为 20 W 的电源变压器。

3）选择整流二极管及滤波电容

整流二极管 V_D 选 1N4001，其极参数为 $U_{RM} \geqslant 50$ V，$I_F = 1$ A，满足 $U_{RM} > 1.41U_2$、$I_F = I_{omax}$ 的条件。

滤波电容 C 可由纹波电压 ΔU_{opp} 和稳压系数 S_v 来确定。已知 $U_o = 9$ V，$U_i = 12$ V，$\Delta U_{opp} = 5$ mA，$S_v = 3 \times 10^{-3}$，则由式（3-6）得稳压器的输入电压的变化量：

$$\Delta U_i = \frac{\Delta U_{opp} U_i}{U_o S_v} = 2.2 \text{ V}$$

由式（3-10）得滤波电容：

$$C = \frac{I_C t}{\Delta U_i} = \frac{I_{omax} t}{\Delta U_i} = 4545 \text{ } \mu\text{F}$$

电容 C 的耐压应大于 $1.41U_2 = 15.5$ V，故取 2 只 2200 μF/25 V 的电容相并联，如图 3-6 所示。

4）电路安装与测试

首先应在变压器的副边接入保险丝 FU，以防电路短路损坏变压器或其他器件，其额定电流要略大于 I_{omax}，选 FU 的熔断电流为 1 A，CW317 要加适当大小的散热片。先装集成稳压电路，再装整流滤波电路，最后安装变压器。安装一级，测试一级。对于稳压电路，则主要测试集成稳压器是否能正常工作。其输入端加直流电压 $U_i \leqslant 12$ V，调节 R_{P1}，输出电压 U_o 随之变化，说明稳压电路正常工作。整流滤波电路主要用于检查整流二极管是否接反，安装前用万用表测量其正、反向电阻。接入电源变压器，整流输出电压 U_i 应为正。断开交流电源，将整流滤波电路与稳压电路相连接，再接通电源，输出电压 U_o 为规定值，说明各级电路均正常工作，可以进行各项性能指标的测试。对于如图 3-5 所示的稳压电路，测试工作在室温下进行，测试条件是 $I_o = 500$ mA，$R_L = 18$ Ω（滑线变阻器）。

2. 集成稳压器输出电流的扩展

1）扩展固定式三端稳压器的输出电流

图 3-6 所示为 CW78×× 系列与 CW79×× 系列集成稳压器的输出电流 I_o 的扩展电路。图中，V_1 称为扩流功率管，应选用大功率管；V_2 与 R_2 组成限流保护电路，当输出电流过大时 V_2 导通，扩展电流 I_1 减小以保护 V_1。V_2 的导通电压由 R_2I_1 决定，应特别注意其额定功率是否满足要求，扩展后的输出电流 $I_L = I_o + I_1$。若按图中所示参数设计，则可使输出电流 I_L 达到 1.5 A。

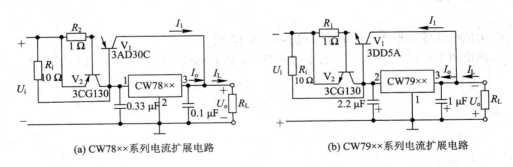

(a) CW78×× 系列电流扩展电路　　　　(b) CW79×× 系列电流扩展电路

图 3-6　扩展固定式三端稳压器输出电流扩展电路

2）扩展可调式三端稳压器的输出电流

图 3-7 所示为可调式三端稳压器的输出电流的扩展电路。图中，V_1 与 V_2 组成互补复合管，I_1 为输出扩展电流，R_1、R_2、R_3 是偏置电阻。图中所示参数可使输出电流 I_L 达到 2 A。

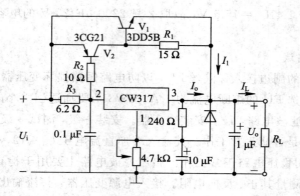

图 3 - 7 可调式三端稳压器输出电流扩展电路

直流稳压电源一般由电源变压器、整流滤波电路及稳压电路所组成。

常见的集成稳压器有固定式三端稳压器和可调式三端稳压器。

＊＊＊＊＊＊＊＊
＊习　　题＊
＊＊＊＊＊＊＊＊

1. 集成稳压器的输入、输出端接电容 C_i 及 C_o 有何作用？

2. 画出用 CW317 与 CW337 组成的具有正、负对称输出的电压可调的稳压电路。

项目四 音响放大器实训

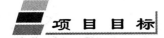

掌握音响放大器的组成和工作原理。

了解音响放大器的主要技术指标及测试方法。

掌握音响放大器电路的设计、安装与调试方法。

4.1 音响放大器的基本组成

音响放大器的基本组成框图如图 4－1 所示。

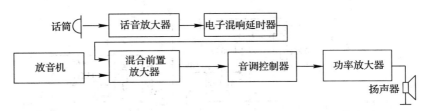

图 4－1 音响放大器的基本组成框图

1. 话音放大器

话筒的输出信号一般为 5 mV 左右，输出阻抗为 20 kΩ 左右(也有低输出阻抗的话筒，其输出阻抗为 20 Ω、200 Ω 等)。话音放大器的作用是不失真地放大声音信号(最高频率达到 10 kHz)，其输入阻抗远大于话筒的输出阻抗。

2. 电子混响延时器 MN3207/M65831

电子混响延时器利用电路模拟声音的多次反射，产生混响效果，使声音听起来具有一定深度感和空间立体感。在"卡拉 OK"(利用磁带伴奏歌唱)伴唱机中，都带有电子混响延时器。

1) MN3207 组成的模拟混响延时器

模拟混响延时器的组成框图如图 4－2 所示，其中集成电路 BBD 称为模拟延时器，其内部由场效应管构成多级电子开关和高精度存储器。

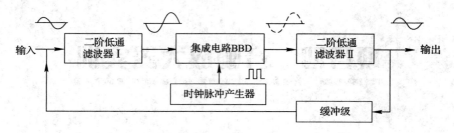

图 4-2　电子混响延时器的组成框图

在外加时钟脉冲的作用下，电子开关不断地接通和断开，对输入信号进行取样、保持并向后级传递，从而使 BBD 的输出信号相对于输入信号延迟了一段时间。BBD 的级数越多，时钟脉冲的频率越高，延迟时间越长。BBD 配有专用时钟电路，如 MN3102 时钟电路与 MN3200 系列的 BBD 配套。

电子混响延时器的实验电路如图 4-3 所示。图中，两级二阶低通滤波器（MFB）A_1、A_2 滤去 4 kHz（语音）以上的高频成分，反相器 A_3 用于隔离混响延时器的输出级与输入级间的相互影响，R_{P1} 调节混响延时器的输入电压，R_{P2} 调节 MN3207 的平衡输出以减小失真，R_{P3} 调节时钟频率，R_{P4} 控制混响延时器的输出电压。图 4-3 中 MN3207 与 MN3102 各引脚的电压如表 4-1 所示。

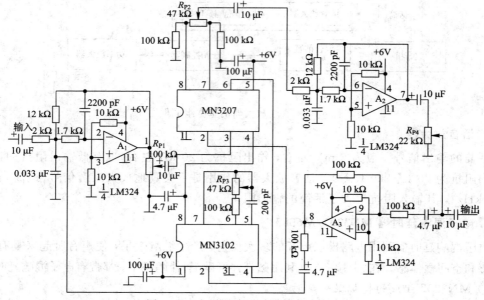

图 4-3　电子混响延时器的实验电路

表 4 - 1　MN3207 与 MN3102 各引脚的电压

引脚	1	2	3	4	5	6	7	8
MN3207 的电压/V	0.0	3.2	0.0	5.6	6.0	3.2	2.6	2.6
MN3102 的电压/V	6.0	3.2	0.0	3.2	3.2	3.2	2.8	5.6

2）M65831 组成的数字混响延时电路

集成电路 M65831 是一个＋5 V 电源供电、封装为 24 个引脚的数字混响延时器,其内部组成框图如图 4 - 4 所示。其中,主控制器(MAIN CONTROL)由数字逻辑电路组成,是产生延时的核心电路。比较器输出的信号存储到 48 KB 的存储器(SRAM)中,再经过 A/D 转换和 D/A 转换、延时、低通滤波后输出延时信号。

M65831 的引脚功能如表 4 - 2 所示。延时时间可以通过对引脚 4、5、6、7 的电平进行设置来获得,如表 4 - 3 所示。

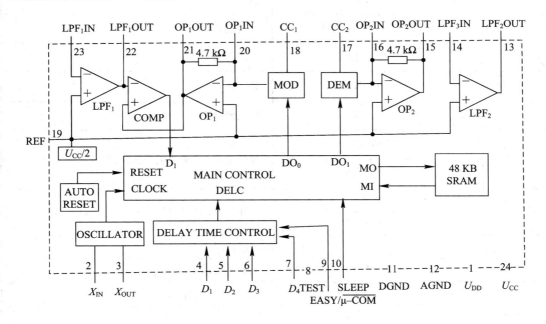

图 4 - 4　M65831 的内部结构

表 4 - 2　M65831 的引脚功能

序号	符号	功　能
1	U_{DD}	数字电源电压

序 号	符 号	功 能
2	X_{IN}	时钟振荡器输入
3	X_{OUT}	时钟振荡器输出（2 MHz 晶振）
4	D_1	延时输入数据 D_1
5	D_2	延时输入数据 D_2
6	D_3	延时输入数据 D_3
7	D_4	延时输入数据 D_4
8	TEST	测试端
9	$\overline{EASY/\mu - COM}$	普通模式
10	SLEEP	睡眠模式
11	DGND	数字地
12	AGND	模拟地
13	$LPF_2\,OUT$	经外部 R、C 形成低通滤波器
14	$LPF_2\,IN$	
15	$OP_2\,OUT$	经外部 R、C 形成积分器
16	$OP_2\,IN$	
17	CC_2	电流控制端 2
18	CC_1	电流控制端 1
19	REF	参考电压，等于 $U_{CC}\,/\,2$
20	$OP_1\,IN$	经外部 R、C 形成积分器
21	$OP_1\,OUT$	
22	$LPF_1\,OUT$	经外部 R、C 形成低通滤波器
23	$LPF_1\,IN$	
24	U_{CC}	模拟电源电压 U_{CC}

表 4 - 3 延时时间设置

D_4	D_3	D_2	D_1	采样频率/kHz	延时时间/ms
L	L	L	L	500	12.3
			H		24.6
		H	L		36.9
			H		49.2
	H	L	L		61.4
			H		73.7
		H	L		86
			H		98.3
H	L	L	L	250	110.6
			H		122.9
		H	L		135.2
			H		147.5
	H	L	L		159.7
			H		172
		H	L		184.3
			H		196.6

3）应用举例

M65831 构成的数字混响延时电路如图 4-5 所示。电路的工作原理是：输入信号通过 22 脚与 23 脚组成的低通滤波器进行滤波，控制器发出取样信号通过 20 脚与 21 脚组成的运放和内部比较器对输入信号进行采样、存储、A/D 和 D/A 转换、延时、低通滤波后，经 13 脚输出延时信号。当 9 脚为高电平时，延时时间由开关控制；当 9 脚为低电平时，延时时间可由微机控制。10 脚为低电平时，M65831 芯片处于工作模式；10 脚为高电平时，芯片处于睡眠模式，仅消耗 14 mA 的电流。

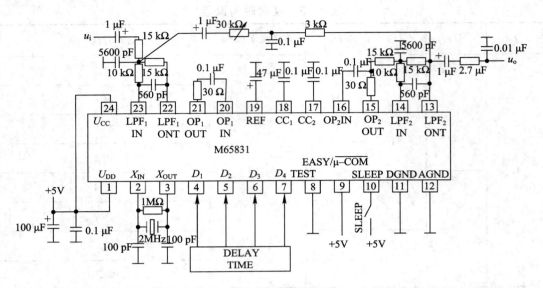

图 4-5 M65831 构成的数字混响延时电路

由于 M65831 只能用 +5 V 供电，一般模拟信号系统的电源电压均大于 +5 V，所以 M65831 接入模拟系统时，一定要将模拟系统的电源电压转换为 +5 V 后才能给 M65831 供电。

3. 混合前置放大器

混合前置放大器的作用是将磁带放音机输出的音乐信号与电子混响后的声音信号混合放大，其电路如图 4-6 所示。这是一个反相加法器电路，输出与输入电压间的关系为

$$U_o = \left(\frac{R_F}{R_1}U_1 + \frac{R_F}{R_2}U_2\right) \tag{4-1}$$

式中，U_1 为电子混响延时器的输出电压；U_2 为放音机的输出电压。

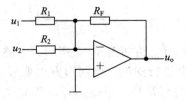

图 4-6 混合前置放大器

4. 音调控制器

音调控制器主要用于控制和调节音响放大器的幅频特性，理想的控制曲线如图 4-7 中

折线所示。图中，f_0（1 kHz）表示中音频率，要求增益 $A_{v0}=0$ dB；f_{L1} 表示低音频转折（或截止）频率，一般为几十赫兹；f_{L2}（10f_{L1}）表示低音频区的中音频转折频率；f_{H1} 表示高音频区的中音频转折频率；f_{H2}（10f_{H1}）表示高音频转折频率，一般为几十千赫兹。

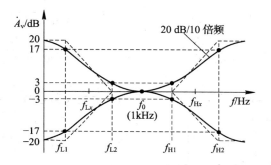

图 4 - 7　音调控制曲线

由图 4 - 7 可见，音调控制器只对低音频与高音频的增益进行提升和衰减，中音频的增益保持 0 dB 不变。因此音调控制器的电路可由低通滤波器与高通滤波器构成。由运放构成的音调控制器如图 4 - 8 所示。这种电路调节方便，元器件较少，在一般收录机、音响放大器中应用较多。下面分析该电路的工作原理。

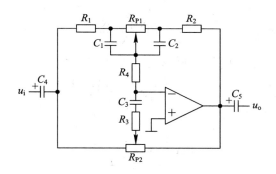

图 4 - 8　音调控制器

设电容 $C_1=C_2\gg C_3$，在中、低音频区，C_3 可视为开路，在中、高音频区，C_1、C_2 可视为短路。

（1）当 $f<f_0$ 时，音调控制器的低频等效电路如图 4 - 9 所示。其中，图（a）所示为 R_{P1} 滑臂在最左端，对应于低频提升最大的情况；图（b）所示为 R_{P1} 滑臂在最右端，对应于低频衰减最大的情况。通过分析表明，图（a）所示电路是一个一阶有源低通滤波器，其增益函数的表达式为

$$\dot{A}(j\omega) = \frac{\dot{U}_o}{\dot{U}_i} = -\frac{R_{P1} + R_2}{R_1} \cdot \frac{1 + (j\omega)/\omega_2}{1 + (j\omega)/\omega_1} \qquad (4-2)$$

式中：

$$\omega_1 = \frac{1}{R_{P1} C_2} \qquad 或 \qquad f_{L1} = \frac{1}{2\pi R_{P1} C_2} \qquad (4-3)$$

$$\omega_2 = \frac{R_{P1} + R_2}{R_{P1} R_2 C_2} \qquad 或 \qquad f_{L2} = \frac{R_{P1} + R_2}{2\pi R_{P1} R_2 C_2} \qquad (4-4)$$

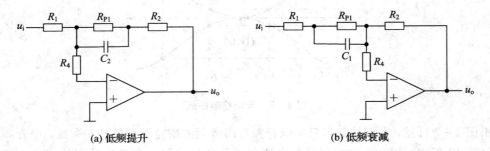

(a) 低频提升   **(b) 低频衰减**

图 4-9 音调控制器的低频等效电路

当 $f < f_{L1}$ 时，C_2 可视为开路，运放的反向输入端视为虚地，R_4 的影响可以忽略，此时电压增益：

$$A_{vL} = \frac{R_{P1} + R_2}{R_1} \qquad (4-5)$$

在 $f = f_{L1}$ 时，因为 $f_{L2} = 10 f_{L1}$，所以可由式(4-2)得

$$\dot{A}_{v1} = -\frac{R_{P1} + R_2}{R_1} \cdot \frac{1 + 0.1j}{1 + j}$$

模：

$$|A_{v1}| = \frac{R_{P1} + R_2}{\sqrt{2} R_1} \qquad (4-6)$$

此时电压增益 A_{v1} 相对于 A_{vL} 下降 3 dB。

在 $f = f_{L2}$ 时，由式(4-2)得

$$\dot{A}_{v2} = -\frac{R_{P1} + R_2}{R_1} \cdot \frac{1 + j}{1 + 10j}$$

模：

$$|A_{v2}| = \frac{R_{P1} + R_2}{R_1} \cdot \frac{\sqrt{2}}{10} = 0.14 A_{vL} \qquad (4-7)$$

此时电压增益相对 A_{vL} 下降 17 dB。

同理可以得出图 4-9(b)所示电路的相应表达式，其增益相对于中频增益为衰减量。音调控制器低频时的幅频特性曲线如图 4-7 中左半部分的实线所示。

（2）当 $f > f_o$ 时，音调控制器的高频等效电路如图 4-10 所示。此时可将 C_1、C_2 视为短路，R_4 与 R_1、R_2 组成星形连接，将其转换成三角形连接后的电路如图 4-11 所示。

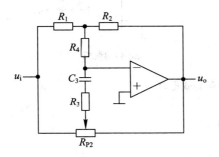

图 4-10　音调控制器的高频等效电路

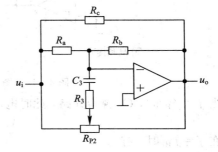

图 4-11　图 4-10 的等效电路

电阻的关系式为

$$R_a = R_1 + R_4 + \frac{R_1 R_4}{R_2}$$

$$R_b = R_4 + R_2 + \frac{R_4 R_2}{R_1} \tag{4-8}$$

$$R_c = R_1 + R_2 + \frac{R_2 R_1}{R_4}$$

若取 $R_1 = R_2 = R_4$，则式（4-8）为

$$R_a = R_b = R_c = 3R_1 = 3R_2 = 3R_4 \tag{4-9}$$

图 4-11 所示的高频等效电路如图 4-12 所示。其中，图(a)所示为 R_{P2} 滑臂在最左端，对应于高频提升最大的情况；图(b)所示为 R_{P2} 滑臂在最右端，对应于高频衰减最大的情况。通过分析表明，图(a)所示电路为一阶有源高通滤波器，其增益函数的表达式为

$$\dot{A}(j\omega) = \frac{\dot{U}_o}{\dot{U}_i} = -\frac{R_b}{R_a} \cdot \frac{1 + (j\omega)/\omega_3}{1 + (j\omega)/\omega_4} \tag{4-10}$$

式中：

$$\omega_3 = \frac{1}{(R_a + R_3)C_3} \quad \text{或} \quad f_{H1} = \frac{1}{2\pi(R_a + R_3)C_3} \tag{4-11}$$

$$\omega_4 = \frac{1}{R_3 C_3} \quad \text{或} \quad f_{H2} = \frac{1}{2\pi R_3 C_3} \tag{4-12}$$

与分析低频等效电路的方法相同，得到下列关系式。

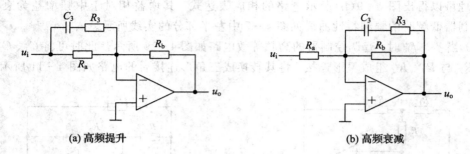

(a) 高频提升   (b) 高频衰减

图 4 - 12   图 4 - 11 的高频等效电路

当 $f < f_{H1}$ 时，C_3 视为开路，此时电压增益：

$$A_{v0} = 1 \ (0 \ \text{dB})$$

在 $f = f_{H1}$ 时，有

$$A_{v3} = \sqrt{2} A_{v0} \qquad\qquad (4-13)$$

此时电压增益 A_{v3} 相对于 A_{v0} 提升了 3 dB。

在 $f = f_{H2}$ 时，有

$$A_{v4} = 7 A_{v0} \qquad\qquad (4-14)$$

此时电压增益 A_{v4} 相对于 A_{v0} 提升了 14 dB。

当 $f > f_{H2}$ 时，C_3 视为短路，此时电压增益：

$$A_{vH} = \frac{R_b}{R_3 \ // \ R_a} = \frac{R_a + R_3}{R_3} \qquad\qquad (4-15)$$

同理可以得出图 4 - 12(b) 所示电路的相应表达式，其增益相对于中频增益为衰减量。音调控制器高频时的幅频特性曲线如图 4 - 7 中右半部分实线所示。

实际应用中，通常先提出低频区 f_{Lx} 处和高频区 f_{Hx} 处的提升量衰减量 $x(\text{dB})$，再根据式(4 - 16)和式(4 - 17)求转折频率 f_{L2}（或 f_{L1}）和 f_{H1}（或 f_{H2}），即

$$f_{L2} = f_{Lx} \cdot 2^{x/6} \qquad\qquad (4-16)$$

$$f_{H1} = \frac{f_{Hx}}{2^{x/6}} \qquad\qquad (4-17)$$

5. 功率放大器

功率放大器(简称功放)的作用是给音响放大器的负载 R_L（扬声器）提供一定的输出功率。当负载一定时，希望输出的功率尽可能大，输出信号的非线性失真尽可能小，效率尽可能高。功放的常见电路形式有 OTL（Output TransformerLess）电路和 OCL（Output CapacitorLess）电路。有用集成运算放大器和晶体管组成的功放，也有专用集成电路功放。

1) 集成运放与晶体管组成的功放

由集成运放与晶体管组成的 OCL 功放电路如图 4 - 13 所示。其中，运放为驱动级，晶

体管 $V_{T1}\sim V_{T4}$ 组成复合式晶体管互补对称电路。

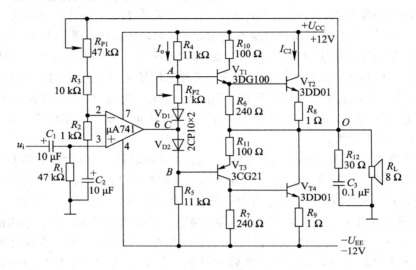

图 4-13 集成运放与晶体管组成的功放

（1）电路工作原理。

三极管 V_{T1}、V_{T2} 为相同类型的 NPN 管，所组成的复合管仍为 NPN 型。V_{T3}、V_{T4} 为不同类型的晶体管，所组成的复合管的导电极性由 V_{T3} 决定，即为 PNP 型。R_4、R_5、R_{P2} 及二极管 V_{D1}、V_{D2} 所组成的支路是两对复合管的基极偏置电路，静态时支路电流 I_o 可由下式计算：

$$I_o = \frac{2U_{CC} - 2U_D}{R_4 + R_5 + R_{P2}} \qquad (4-18)$$

式中，U_D 为二极管的正向压降。

为减小静态功耗和克服交越失真，静态时 V_{T1}、V_{T3} 应工作在微导通状态，即满足下列关系：

$$U_{AB} \approx U_{D1} + U_{D2} \approx U_{BE1} + U_{BE3} \qquad (4-19)$$

此状态称为甲乙类状态。二极管 V_{D1}、V_{D2} 与三极管 V_{T1}、V_{T3} 应为相同类型的半导体材料。如果 V_{D1}、V_{D2} 为硅二极管 2CP10，则 V_{T1}、V_{T3} 也应为硅三极管。R_{P2} 用于调整复合管的微导通状态，其调节范围不能太大，一般采用几百欧姆或 1 kΩ 电位器（最好采用精密可调电位器）。安装电路时首先应使 R_{P2} 的阻值为 0，在调整输出级静态工作电流或输出波形的交越失真时再逐渐增大阻值，否则会因 R_{P2} 的阻值较大而使复合管损坏。

R_6、R_7 用于减小复合管的穿透电流，提高电路的稳定性，一般为几十欧姆至几百欧姆。R_8、R_9 为负反馈电阻，可以改善功放的性能，一般为几欧姆。R_{10}、R_{11} 称为平衡电阻，

使 V_{T1}、V_{T3} 的输出对称，一般为几十欧姆至几百欧姆。R_{12}、C_3 称为消振网络，可改善负载为扬声器时的高频特性。因扬声器呈感性，易引起高频自激，故容性网络并入可使等效负载呈阻性。此外，感性负载易产生瞬时过压，有可能损坏晶体三极管 V_{T2}、V_{T4}。R_{12}、C_3 的取值视扬声器的频率响应而定。一般 R_{12} 为几十欧姆，C_3 为几千皮法至 $0.1\ \mu F$。

功放在交流信号输入时的工作过程如下：当音频信号 u_i 为正半周时，运放的输出电压 u_C 上升，u_B 亦上升，结果 V_{T3}、V_{T4} 截止，V_{T1}、V_{T2} 导通，负载 R_L 中只有正向电流 i_L 且随 u_i 的负向增加而增加。只有当 u_i 变化一周时负载 R_L 才可获得一个完整的交流信号。

（2）静态工作点设置。

设电路参数完全对称。静态时功放的输出端 O 点对地的电位应为 0，即 $U_O = 0$，常称 O 点为"交流零点"。电阻 R_1 接地，一方面决定了同相放大器的输入电阻，另一方面保证了静态时同相端电位为 0，即 $U_+ = 0$。由于运放的反相端经 R_3、R_{P1} 接交流零点，所以 $U_- = 0$。静态时运放的输出 $U_C = 0$。调节 R_{P1} 电位器可改变功放的负反馈深度。电路的静态工作点主要由 I_o 决定，I_o 过小会使晶体管 V_{T2}、V_{T4} 工作在乙类状态，输出信号会出现交越失真，I_o 过大会增加静态功耗，使功放的效率降低。综合考虑，对于数瓦的功放，一般取 $I_o = 1 \sim 3\ mA$，以使 V_{T2}、V_{T4} 工作在甲乙类状态。

（3）设计举例。

【例 4-1】 设计一功放。已知条件 $R_L = 8\ \Omega$，$U_i = 200\ mV$，$+U_{CC} = +12\ V$，$-U_{EE} = -12\ V$。性能指标要求 $P_o \geq 2\ W$，$\gamma < 3\%$（1 kHz 正弦波）。

解 采用如图 4-13 所示的电路，集成运放用 $\mu A741$。功放的电压增益：

$$\dot{A}_v = \frac{\dot{U}_o}{\dot{U}_i} = \frac{\sqrt{P_o R_L}}{U_i} = 20 = 1 + \frac{R_3 + R_{P1}}{R_2} \tag{4-20}$$

若取 $R_2 = 1\ k\Omega$，则 $R_3 + R_{P1} = 19\ k\Omega$。现取 $R_3 = 10\ k\Omega$，R_{P1} 调节到 9 $k\Omega$。

如果功放级前级是音量控制电位器，则取 $R_1 = 47\ k\Omega$ 以保证功放级的输入阻抗远大于前级的输出阻抗。

若取静态电流 $I_o = 1\ mA$，因静态时 $U_C = 0\ V$，由式（4-18）可得

$$I_o \approx \frac{2U_{CC} - 2U_D}{R_4 + R_5 + R_{P2}} = \frac{12 - 0.7}{R_4} \qquad （设\ R_{P2} \approx 0）$$

则 $R_4 = 11.3\ k\Omega$，取标称值 11 $k\Omega$。其他元件参数的取值如图 4-13 所示。

2）集成功放 LA4102

（1）内部结构。

图 4-14 所示为 LA4102 的内部电路。此集成功放既可以采用单电源供电方式，也可以采用正负双电源供电方式（3 脚接负电源）。

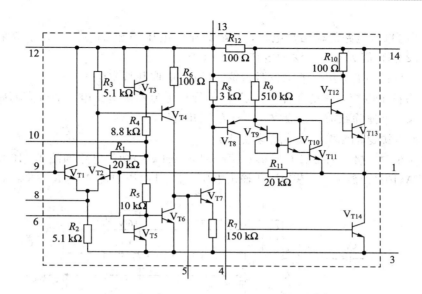

图 4-14 LA4102 集成功放的内部电路

（2）典型应用。

将 LA4102 接成 OTL 形式的电路，如图 4-15 所示。

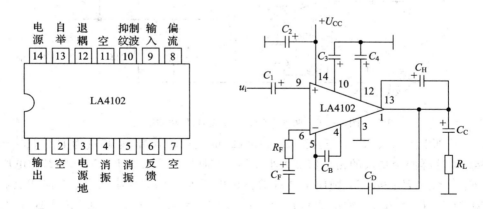

图 4-15 LA4102 接成 OTL 电路

LA4102 外部元器件的作用如下：

① R_F、C_F 与内部电阻 R_{11} 组成交流负反馈支路，控制功放级的电压增益 A_{vF}，即

$$A_{vF} = \frac{1 + R_{11}}{R_F} \approx \frac{R_{11}}{R_F} \tag{4-21}$$

② C_B 为相位补偿电容。C_B 减小，带宽增加，可消除高频自激。C_B 一般取几十皮法至

几百皮法。

③ C_c 为 OTL 电路的输出端电容，两端的充电电压等于 $U_{CC}/2$。C_c 一般采用耐压值远大于 $U_{CC}/2$ 的容值为几百微法的电容。

④ C_D 为反馈电容，用于消除自激振荡。C_D 一般取几百皮法。

⑤ C_H 为自举电容，使复合管 V_{T12}、V_{T13} 的导通电流不随输出电压的升高而减小。

⑥ C_3、C_4 可滤除纹波，一般取几十微法至几百微法。

⑦ C_2 为电源退耦滤波，可消除低频自激。

由两片 LA4102 接成的 BTL(Balanced TransformerLess)功放电路如图 4 - 16 所示。输入信号 u_i 经 LA4102(1)放大后，获得同相输出电压 u_{o1}，其电压增益 $A_{v1} \approx R_{11}/R_{F1}$(40 dB)。

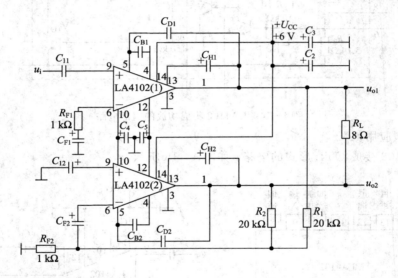

图 4 - 16　两片 LA4102 接成 BTL 功放电路

u_{o1} 经外部电阻 R_1、R_{F2} 分压加到 LA4102(2)的反相输入端，衰减量为 $R_{F2}/(R_1+R_{F2})$ (-40 dB)，这样两个功放的输入信号大小相等、方向相同。如果使 LA4102(2)的电压增益 $A_{v2}=(R_2//R_{11})/R_{F2} \approx A_{v1}$，则两个功放的输出电压 u_{o2} 与 u_{o1} 大小相等、方向相反，因而 R_L 两端的电压 $U_L=2U_{o1}$，输出功率 $P_L=(2U_{o1})^2/R_L=4U_{o1}^2/R_L$。可见，接成 BTL 电路形式后，输出功率在理论上比 OTL 电路的功率要增加 4 倍。由于电路不完全对称，实际上获得的输出功率只有 OTL 电路的 2~3 倍。双声道集成功放(如 LA4182)的内部就有两个完全相同的集成功放，可以接成 BTL 电路。BTL 电路的优点是在较低的电源电压下，能获得较大的输出功率。

对于 BTL 电路，负载的任何一端都不能与公共地线相短接，否则会烧坏功放。图 4 - 16 中其他元件的参数与 OTL 电路的完全相同。

3）集成功放 LM386

（1）内部结构。

集成功放 LM386 是一个单电源供电的音频功放，外部封装为 8 个引脚，其内部电路如图 4-17 所示。通过改变引脚 1 和 8 之间的外部连接电阻和电容，就可以改变放大器的增益。表 4-4 列出了 LM386 的主要性能参数。

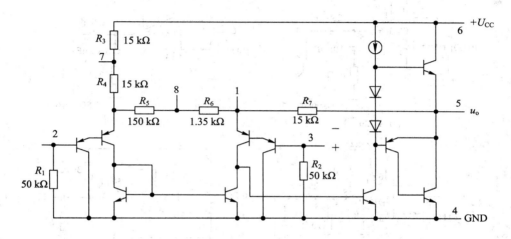

图 4-17　LM386 的内部电路

表 4-4　LM386 的主要性能参数

参　　数	测试条件	典型值
电源电压 U_{CC}		4～12 V 5～18 V
静态电流 I_q	$U_{CC}=6$ V，$U_i=0$	4 mA
输出功率 P_o	$U_{CC}=9$ V，$R_L=8$ Ω $U_{CC}=12$ V，$R_L=32$ Ω	700 mW 1000 mW
电压增益 A_v	$U_{CC}=6$ V，$f=1$ kHz，引脚 1 和 8 间开路 引脚 1 和 8 间接 10 μF 电容	20(26) dB 200(46) dB
带宽 BW	$U_{CC}=6$ V，引脚 1 和 8 开路	300 kHz
输入电阻 R_i		50 kΩ

（2）典型应用。

LM386 的外部连接元器件较少，它在 AM-FM 收音机、视频系统、功率变换等场合获得了广泛应用。图 4-18（a）所示为电压增益 $A_v=20$ 时的功放电路，图 4-18（b）所示为

电压增益 $A_v=200$ 时的功放，图 4-18(c) 所示为电压增益 $A_v=50$ 时的功放。应用中如果出现高频自激，则可以在电源端与地之间接并联电容 $100~\mu F$ 和 $0.01~\mu F$。图 4-18 (d) 所示为频率等于 1 kHz 的方波发生器。

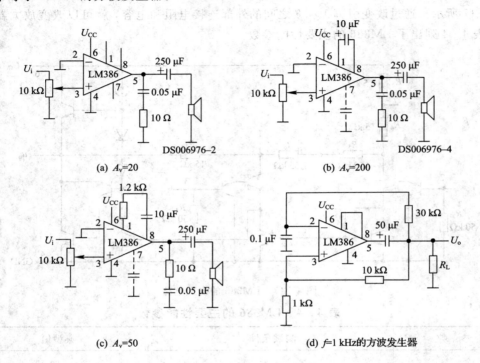

(a) $A_v=20$ (b) $A_v=200$

(c) $A_v=50$ (d) $f=1$ kHz的方波发生器

图 4-18 LM386 的应用电路

4.2 音响放大器的主要技术指标及测试方法

1. 额定功率

音响放大器输出失真度小于某一数值（如 $\gamma<5\%$）时的最大功率称为额定功率。其表达式为

$$P_o=\frac{U_o^2}{R_L} \tag{4-22}$$

式中，R_L 为额定负载阻抗；U_o（有效值）为 R_L 两端的最大不失真电压。U_o 常用来选定电源电压 U_{CC}（$U_{CC}\geqslant 2U_o$）。

测量 P_o 的条件如下：信号发生器的输出信号（音响放大器的输入信号）的频率 $f_i=$

1 kHz，电压 $U_i = 5$ mV，音调控制器的两个电位器 R_{P1}、R_{P2} 置于中间位置，音量控制电位器置于最大值，用双踪示波器观测 u_i 及 u_o 的波形，失真度测量仪监测 u_o 的波形失真。测量 P_o 的步骤是：功率放大器的输出端接额定负载电阻 R_L（代替扬声器），逐渐增大输入电压 u_i，直到 u_o 的波形刚好不出现削波失真（或 $\gamma < 5\%$），此时对应的输出电压为最大输出电压，由式（4-22）即可算出额定功率 P_o。

注意：在测完最大输出电压后应迅速减小 U_i，否则会损坏功放。

2. 音调控制特性

输入信号 u_i（mV）从音调控制级输入端的耦合电容加入，输出信号 u_o 从输出端的耦合电容引出。分别测低频提升-高频衰减和低频衰减-高频提升这两条曲线。测量方法如下：将 R_{P1} 的滑臂置于最左端（高频衰减），当频率从 20 Hz 至 50 kHz 变化时记下对应的电压增益，将测量数据填入表 4-5 中；再将 R_{P1} 的滑臂置于最左端（低频衰减），R_{P2} 的滑臂置于最左端（高频提升），当频率从 20 Hz 至 50 kHz 变化时，记下对应的电压增益，将测量数据填入表 4-5 中，最后绘制音调控制特性曲线，并标注与 f_{L1}、f_x、f_{L2}、f_0（1 kHz）、f_{H1}、f_{Hx}、f_{H2} 等对应的电压增益。

表 4-5　音调控制特性曲线测量数据

测量频率点		<L_1	L_1	L_x	L_2	0	H_1	H_x	H_2	>H_2
$U_i = 100$ mV		20 Hz				1 kHz				50 kHz
低频提升-高频衰减	U_o/V									
	A_v/dB									
低频衰减-高频提升	U_o/V									
	A_v/dB									

3. 频率响应

放大器的电压增益相对于中音频 f_0（1 kHz）的电压增益下降 3 dB 对应低音频截止频率 f_L 和高音频截止频率 f_H，称 $f_L \sim f_H$ 为放大器的频率响应。测量条件同上，调节 R_{P3} 使输出电压约为最大输出电压的 50%。测量步骤是：音响放大器的输入端接 u_i（5 mV），R_{P1} 和 R_{P2} 置于最左端，使信号发生器的输出频率 f_i 从 20 Hz 至 50 kHz 变化（保持 $U_i = 5$ mV 不变），测出负载电阻 R_L 上对应的输出电压 U_o，用半对数坐标纸绘出频率响应曲线，并在曲线上标注 f_L 与 f_H 值。

4. 输入阻抗

从音响放大器输入端（话音放大器输入端）看进去的阻抗称为输入阻抗 R_i。如果接高阻话筒，则 R_i 应远大于 20 kΩ；如果接电唱机，则 R_i 应远大于 500 kΩ。R_i 的测量方法与放大器的输入阻抗测量方法相同。

注意：测量仪表的内阻要远大于 R_i。

5. 输入灵敏度

音响放大器输出额定功率时所需的输入电压（有效值）称为输入灵敏度 U_s。其测量条件与额定功率的测量条件相同，测量方法是：使 U_i 从零开始逐渐增大，直到 U_o 达到额定功率值所对应的电压值，此时对应的 U_i 值即为输入灵敏度。

6. 噪声电压

音响放大器的输入为零时，输出负载 R_L 上的电压称为噪声电压 U_N。其测量条件同额定功率，测量方法是：使输入端对地短路，音量电位器为最大值，用示波器观测输出负载 R_L 两端的电压波形，用交流毫伏表测量其有效值。

7. 整机效率

整机效率为

$$\eta = \frac{P_o}{P_c} \times 100\% \qquad\qquad (4-23)$$

式中，P_o 为输出的额定功率；P_c 为输出额定功率时所消耗的电源功率。

4.3 电路设计、安装与调试

1. 电路设计方法

设计一音响放大器，要求具有混响延时、音调输出控制、卡拉 OK 伴唱等功能，并对话筒与录音机的输出信号进行扩音。

1）已知条件

已知电源电压 $+U_{CC}$ 为 $+9$ V，话筒（低阻 20 Ω）的输出电压为 5 mV，录音机的输出信号电压为 100 mV。所需设备：电子混响延时模块一片，集成功放 LA4102 一片，8 Ω$/2$ W 负载电阻 R_L 一只，8 Ω$/4$ W 扬声器 1 只，集成运放 LM324 一片（或 μA741 三片）。

2）主要技术指标

额定功率 $P_o \geqslant 1$ W；$\gamma < 3\%$；负载阻抗 $R_L = 8$ Ω；截止频率 $f_L = 40$ Hz，$f_H = 10$ kHz；音调控制特性 1 kHz 处增益为 0 dB，100 Hz 和 10 kHz 处有 ± 12 dB 的调节范围，$A_{vL} = A_{vH} \geqslant 20$ dB；话放级输入灵敏度为 5 mV；输入阻抗 $R_i = 20$ Ω。

3）设计过程

首先确定整机电路的级数，再根据各级的功能及技术指标要求分配电压增益，然后分别计算各级电路参数，通常从功放级开始向前级逐级计算。本题已经给定了电子混响器电路模块，需要设计话音放大器、混合前置放大器、音调控制器及功率放大器。根据技术指标要求，音响放大器的输入为 5 mV 时，输出功率大于 1 W，则输出电压 $U_o=\sqrt{P_oR_L}>2.8$ V。可见，系统的总电压增益 $A_v=U_o/U_i>560$ 倍（55.5 dB）。实际电路中会有损耗，因此要留有充分的余地。设各级电压增益分配如图 4-19 所示。A_{v4} 由集成功放级决定，此级增益不宜太大，一般为几十倍。音调控制级在 $f_0=1$ kHz 时增益为 1 倍（0 dB），实际会产生衰减，故取 $A_{v3}=0.8$ 倍（-2 dB）。受运放增益带宽积的限制，话放级与混合放大级若采用 μA741，则其增益也不宜太大。

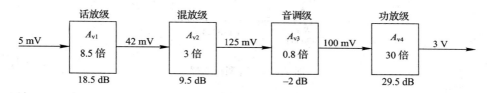

图 4-19　各级电压增益分配

（1）功放设计。

集成功放的电路如图 4-20 所示。由式（4-21）得功放级的电压增益 $A_{v4}\approx R_{11}/R_F=33$（$R_{11}$ 如图 4-14 所示，为 20 kΩ）。如果出现高频自激（输出波形上叠加有毛刺），则可以在 13 脚与 14 脚之间加 0.15 μF 的电容，或减小 C_D 的值。

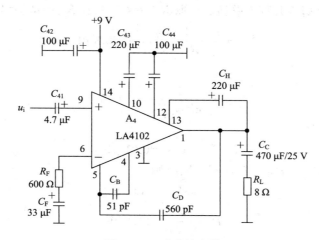

图 4-20　功率放大器

（2）音调控制器（含音量控制）设计。

音调控制器的电路如图 4-21 所示。其中，R_{P33} 为音量控制电位器，其滑臂在最上端时，音响放大器输出最大功率。

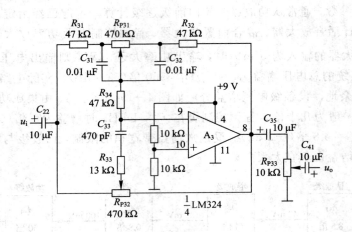

图 4 - 21　音调控制器

已知 $f_{Lx}=100$ Hz, $f_{Hx}=10$ kHz, $x=12$ dB。由式(4－16)、式(4－17)得到转折频率 f_{L2} 及 f_{H1}, 即 $f_{L2}=f_{Lx} \cdot 2^{x/6}=400$ Hz, 则 $f_{L1}=f_{L2}/10=40$ Hz, $f_{H1}=f_{Hx}/2^{x/6}=2.5$ kHz, 则 $f_{H2}=10f_{H1}=25$ kHz。

由式(4－5)得 $A_{vL}=(R_{P31}+R_{32})/R_{31}\geqslant 20$ dB。其中, R_{31}、R_{32}、R_{P31} 不能取得太大, 否则运放漂移电流的影响不可忽略, 但也不能太小, 否则流过它们的电流将超出运放的输出能力, 一般取几千欧姆至几百千欧姆。现取 $R_{P31}=470$ kΩ, $R_{31}=R_{32}=47$ kΩ, 则

$$A_{vL}=\frac{R_{P31}+R_{32}}{R_{31}}=11(20.8 \text{ dB})$$

由式(4－3)得

$$C_{32}=\frac{1}{2\pi R_{P31} f_{L1}}=0.008 \ \mu\text{F}$$

取标称值 0.01 μF, 即

$$C_{31}=C_{32}=0.01 \ \mu\text{F}$$

由式(4－9)得 $R_{34}=R_{31}=R_{32}=47$ kΩ, 则

$$R_a=3R_{31}=141 \text{ kΩ}$$

$$R_{33}=\frac{R_a}{10}=14.1 \text{ kΩ}$$

取标称值 13 kΩ。

由式(4－12)得

$$C_{33}=\frac{1}{2\pi R_{33} f_{H2}}=490 \text{ pF}$$

取标称值 470 pF。

取 $R_{P32} = R_{P31} = 470$ kΩ，$R_{P33} = 10$ kΩ，级间耦合与隔直电容 $C_{34} = C_{35} = 10$ μF。

（3）话音放大器与混合前置放大器设计。

图 4-22 所示电路由话音放大与混合前置放大两级电路组成。其中，A_1 组成同相放大器，具有很高的输入阻抗，能与高阻话筒配接作为话音放大器电路，其放大倍数为

$$A_{v1} = 1 + \frac{R_{12}}{R_{11}} = 8.5 \quad (18.5 \text{ dB})$$

运放 LM324 的频带虽然很窄（增益为 1 时，带宽为 1 MHz），但这里放大倍数不高，故能达到 $f_H = 10$ kHz 的频响要求。

混合前置放大器的电路由运放 A_2 组成，这是一个反向加法器电路，由式（4-1）得输出电压 U_{o2} 的表达式为

$$U_{o2} = -\left[\left(\frac{R_{22}}{R_{21}}\right)U_{o1} + \left(\frac{R_{22}}{R_{23}}\right)U_{12}\right]$$

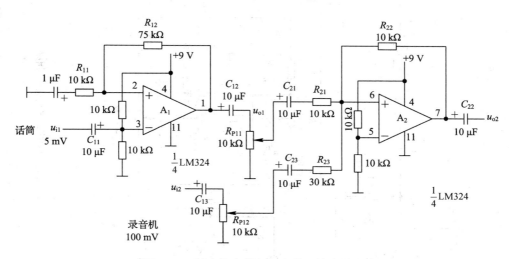

图 4-22　话音放大器与混合前置放大器设计

根据图 4-19 的增益分配，混放级的输出电压 $U_{o2} \geqslant 125$ mV，而话筒放大器的输出 U_{o1} 已经达到了 42 mV，放大 3 倍就能满足要求。录音机的输入信号 $u_{i2} = 100$ mV，已基本达到 u_{o2} 的要求，不需要再进行放大。所以，取 $R_{23} = R_{22} = 3R_{21} = 30$ kΩ，可使话筒与录音机的输出经混放级后输出相等。如果要进行卡拉 OK 唱歌，则可在话放级输出端及录音机输出端接两个音量控制电位器 R_{P11}、R_{P12}（见图 4-22），分别控制声音的音量。

以上各单元电路的设计值还需要通过实验调整和修改，特别是在进行整机调试时，由于各级之间相互影响，有些参数可能要进行较大变动，待整机调试完成后，再画出整机电

路图。图 4-23 所示为音响放大器整机实训电路。

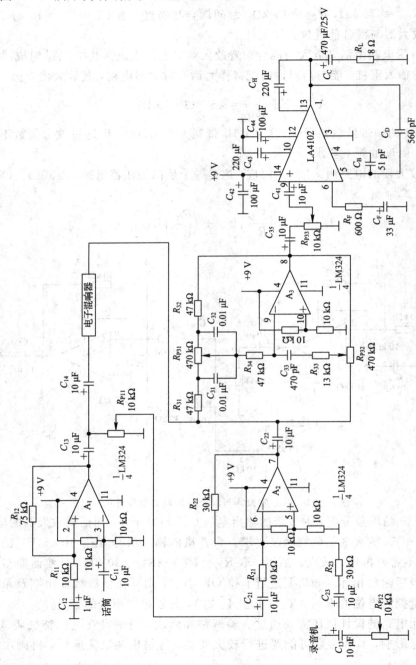

图4-23 音响放大器整机实训电路

2. 电路安装与调试技术

1）电路安装要求

音响放大器是一个小型电路系统，安装前要对整机线路进行合理布局，一般按照电路的顺序一级一级地布线，功放级应远离输入级，每一级的地线尽量接在一起，连线尽可能短，否则很容易产生自激。

安装前应检查元器件的质量，安装时要特别注意功放、运放、电解电容等主要器件的引脚和极性，不能接错。可以从输入级开始向后级安装，也可以从功放级开始向前逐级安装。安装一级调试一级，安装两级要进行级联调试，直到整机安装与调试完成。

2）电路调试技术

电路的调试过程一般是先分级调试，再级联调试，最后进行整机调试与性能指标测试。分级调试又分为静态调试与动态调试。静态调试时，将输入端对地短路，用万用表测该级输出端对地的直流电压。话放级、混放级、音调级都是由运放组成的，其静态输出直流电压均为 $U_{CC}/2$，功放级的输出（OTL 电路）也为 $U_{CC}/2$，且输出电容 C_C 两端的充电电压也应为 $U_{CC}/2$。动态调试是指给输入端接入规定的信号，用示波器观测该级输出波形，并测量各项性能指标是否满足题目要求，如果相差很大，则应检查电路是否接错，元器件数值是否合乎要求，否则是不会出现很大偏差的。

单级电路调试时的技术指标较容易达到，但进行级联时，由于级间相互影响，可能使单级的技术指标发生很大变化，甚至两级不能进行级联。产生的主要原因：一是布线不太合理，形成级间交叉耦合，应考虑重新布线；二是级联后各级电流都要流经电源内阻，内阻压降对某一级可能形成正反馈，应接 RC 去耦滤波电路。R 一般取几十欧姆，C 一般用几百微法大电容与 $0.1\ \mu F$ 小电容相并联。功放级输出信号较大，对前级容易产生影响，引起自激。集成块内部电路多极点引起的正反馈易产生高频自激，常见高频自激现象如图 4-24 所示。可以加强外部电路的负反馈来抵消高频自激，如功放级 1 脚与 5 脚之间接入几百皮法的电容，形成电压并联负反馈，可消除叠加的高频毛刺。常见的低频自激现象是电源电流表有规则地左右摆动，或输出波形上下抖动。产生的主要原因是输出信号通过电源及地线产生了正反馈。可以通过接入 RC 去耦滤波电路来消除低频自激。为满足整机电路指标要求，可以适当修改单元电路的技术指标。图 4-23 所示为整机实训电路图举例，与单元电路设计值相比较，有些参数进行了较大修改。

3）整机功能测试

用 $8\ \Omega/4\ W$ 的扬声器代替负载电阻 R_L，可进行以下功能测试：

（1）话音扩音：将低阻话筒接话音放大器的输入端。应注意扬声器输出的方向与话筒输入的方向相反，否则扬声器的输出声音经话筒输入后，会产生自激啸叫。讲话时扬声器传出的声音应清晰，改变音量电位器，可控制声音大小。

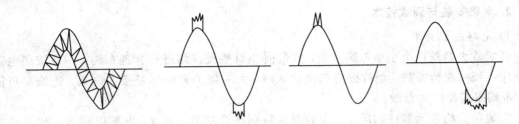

图 4-24 常见高频自激现象

（2）电子混响效果：将电子混响模块按图 4-23 接入，用手轻拍话筒一次，扬声器发出多次重复的声音，微调时钟频率，可以改变混响延时时间，以改善混响效果。

（3）音乐欣赏：将录音机输出的音乐信号接入混合前置放大器，改变音调控制级的高低音调控制电位器，扬声器的输出音调发生明显变化。

（4）卡拉 OK 伴唱：录音机输出卡拉 OK 磁带歌曲，手握话筒伴随歌曲唱歌，适当控制话音放大器与录音机输出的音量电位器，可以控制唱歌音量与音乐音量之间的比例，调节混响延时时间可修饰、改善唱歌的声音。

音响放大器由话音放大器、电子混响器、混合前置放大器、音调控制器和功率放大器等组成。

电子混响延时器用电路模拟声音的多次反射，产生混响效果，使声音听起来具有一定深度感和空间立体感。

音调控制器主要用于控制、调节音响放大器的幅频特性。

功率放大器的作用是给音响放大器的负载提供一定的输出功率。

＊＊＊＊＊＊＊＊＊
＊习   题＊
＊＊＊＊＊＊＊＊＊

1. 集成功率放大器的电压增益与哪些因素有关？为什么在 LA4102 的 5 脚与 1 脚间接入几百皮法的电容可以消除自激？

2. 集成功放接成 OTL 电路时，输出电容 C_C 有何作用？自举电容 C_H 有何作用？电容 C_B 对频带的扩展范围有多大？

项目五　函数发生器实训

■ 项目目标

(1) 掌握函数发生器的基本组成。
(2) 掌握函数发生器的工作原理。
(3) 了解函数发生器的性能指标。
(4) 掌握函数发生器的电路设计、安装与调试方法。

5.1　方波、三角波、正弦波函数发生器

函数发生器能自动产生正弦波、三角波、方波及锯齿波等电压波形。其电路中使用的器件可以是分立器件(如低频信号函数发生器 S101 全部采用晶体管)，也可以是集成电路(如单片集成电路函数发生器 ICL8038)。本节主要介绍由集成运算放大器与晶体管差分放大器组成的方波-三角波-正弦波函数发生器的设计方法。

产生正弦波、方波、三角波的方案有多种，可以先产生正弦波，然后通过整形电路将正弦波变换成方波，再由积分电路将方波变成三角波，也可以先产生方波-三角波，再将三角波变成正弦波或将方波变成正弦波。本节介绍先产生方波-三角波，再将三角波变换成正弦波的电路设计方法。其电路组成框图如图 5-1 所示。

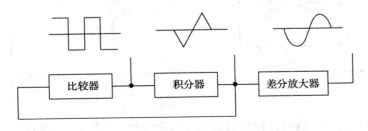

图 5-1　函数发生器的组成框图

1. 方波-三角波产生电路

图5-2所示电路能自动产生方波、三角波。电路工作原理如下：若a点断开，则运放A_1与R_1、R_2、R_3、R_{P1}组成电压比较器，R_1称为平衡电阻，C_1称为加速电容，可加速比较器的翻转；运放的反相端接基准电压，即$U_- = 0$，同相端接输入电压U_{ia}；比较器的输出U_{o1}的高电平等于正电源电压$+U_{CC}$，低电平等于负电源电压$-U_{EE}$（$|+U_{CC}| = |-U_{EE}|$），当比较器的$U_+ = U_- = 0$时，比较器翻转，输出U_{o1}从高电平$+U_{CC}$跳到低电平$-U_{EE}$，或从低电平$-U_{EE}$跳到高电平$+U_{CC}$。设$U_{o1} = +U_{CC}$，则

$$U_+ = \frac{R_2(+U_{CC})}{R_2 + R_3 + R_{P1}} + \frac{(R_3 + R_{P1})U_{ia}}{R_2 + R_3 + R_{P1}} \tag{5-1}$$

式中，R_{P1}指电位器的调整值。将式(5-1)整理，得比较器翻转的下门限电位：

$$U_{ia-} = \frac{-R_2 U_{CC}}{R_3 + R_{P1}} \tag{5-2}$$

若$U_{o1} = -U_{EE}$，则比较器翻转的上门限电位：

$$U_{ia+} = \frac{-R_2 \times (-U_{EE})}{R_3 + R_{P1}} = \frac{R_2 U_{CC}}{R_3 + R_{P1}} \tag{5-3}$$

比较器的门限宽度：

$$U_H = U_{ia+} - U_{ia-} = \frac{2R_2 U_{CC}}{R_3 + R_{P1}} \tag{5-4}$$

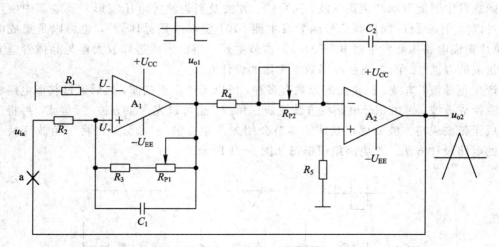

图5-2　方波-三角波产生电路

由式(5-1)～式(5-4)可得比较器的电压传输特性，如图5-3所示。

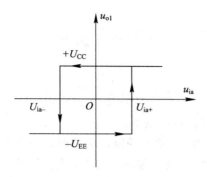

图 5 - 3　比较器的电压传输特性

当 a 点断开后，运放 A_2 与 R_4、R_{P2}、C_2 及 R_5 组成反相积分器，其输入信号为方波 U_{o1}，则积分器的输出：

$$u_{o2} = \frac{1}{(R_4 + R_{P2})C_2} \int u_{o1}\, \mathrm{d}t \qquad (5-5)$$

当 $U_{o1} = +U_{CC}$ 时，有

$$u_{o2} = \frac{-U_{CC}}{(R_4 + R_{P2})C_2} t \qquad (5-6)$$

当 $U_{o1} = -U_{EE}$ 时，有

$$u_{o2} = \frac{U_{CC}}{(R_4 + R_{P2})C_2} t \qquad (5-7)$$

可见，当积分器的输入为方波时，输出是一个上升速率与下降速率相等的三角波，其波形关系如图 5 - 4 所示。

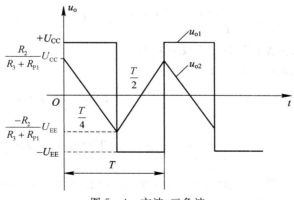

图 5 - 4　方波-三角波

当 a 闭合，即比较器与积分器首尾相连，形成闭环电路时，自动产生方波-三角波。

三角波的幅度：

$$u_{o2m} = \frac{R_2}{R_3 + R_{P1}} U_{CC} \tag{5-8}$$

方波-三角波的频率：

$$f = \frac{R_3 + R_{P1}}{4R_2(R_4 + R_{P2})C_2} \tag{5-9}$$

由式(5-8)及式(5-9)可以得出以下结论：

(1) 电位器 R_{P2} 在调整方波-三角波的输出频率时，一般不会影响输出波形的幅度。若要求输出频率范围较宽，可用 C_2 改变频率的范围，实现频率微调。

(2) 方波的输出幅度约等于电源电压 $+U_{CC}$。三角波的输出幅度不超过电源电压 $+U_{CC}$。电位器 R_{P1} 可实现幅度微调，但会影响方波-三角波的频率。

2. 三角波→正弦波变换电路

下面选用差分放大器作为三角波→正弦波的变换电路。波形变换的原理是：利用差分对管的饱和与截止特性进行变换。分析表明，差分放大器的传输特性曲线 i_{C1}（或 i_{C2}）的表达式为

$$i_{C1} = \alpha i_{E1} = \frac{\alpha I_0}{1 + e^{-u_{id}/U_T}} \tag{5-10}$$

式中，$\alpha = I_C/I_E \approx 1$；$I_0$ 为差分放大器的恒定电流；U_T 为温度的电压当量，当室温为 25℃ 时，$U_T \approx 26$ mV。

如果 u_{id} 为三角波，设表达式

$$u_{id} = \frac{4U_m}{T}\left(T - \frac{T}{4}\right) \qquad (0 \leqslant t \leqslant T/2)$$

$$u_{id} = \frac{-4U_m}{T}\left(T - \frac{3T}{4}\right) \qquad (T/2 \leqslant t \leqslant T) \tag{5-11}$$

式中，U_m 为三角波的幅度；T 为三角波的周期。

将式(5-11)代入式(5-10)，得

$$i_{C1}(t) = \frac{\alpha I_0}{1 + e^{\frac{-4U_m}{U_T T}(t-T/4)}} \qquad (0 \leqslant t \leqslant T/2)$$

$$i_{C1}(t) = \frac{\alpha I_0}{1 + e^{\frac{4U_m}{U_T T}(t-3T/4)}} \qquad (T/2 \leqslant t \leqslant T) \tag{5-12}$$

对式(5-12)进行计算，其输出的 $I_{C1}(t)$ 或 $I_{C2}(t)$ 曲线近似于正弦波，则差分放大器的输出电压 $u_{C1}(t)$、$u_{C2}(t)$ 亦近似于正弦波。波形变换过程如图 5-5 所示。

为使输出波形更接近正弦波，要求：

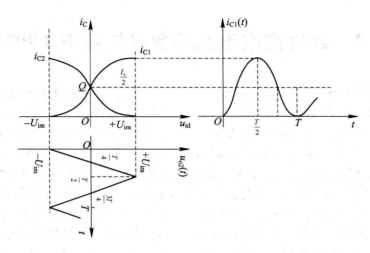

图 5-5　三角波→正弦波变换

（1）传输特性曲线尽可能对称，线性区尽可能窄。

（2）三角波的幅值 U_m 应接近晶体管的截止电压值。

图 5-6 所示为三角波→正弦波变换电路。其中，R_{P1} 用于调节三角波的幅度；R_{P2} 用于调整电路的对称性；并联电阻 R_{E2} 用来减小差分放大器的线性区；C_1、C_2、C_3 为隔直电容；C_4 为滤波电容，以滤除谐波分量，改善输出波形。

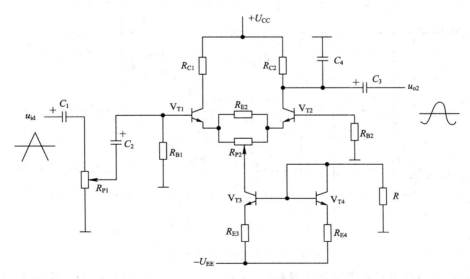

图 5-6　三角波→正弦波变换电路

5.2 单片集成电路函数发生器 ICL8038

ICL8038 的工作频率范围为几赫兹至几百千赫兹，它可以同时输出方波（或脉冲波）、三角波、正弦波。其内部组成如图 5-7 所示。两个比较器 A_1、A_2 的基准电压 $2U_{CC}/3$、$U_{CC}/3$ 由内部电阻分压网络提供。触发器 FF 的输出端 Q 控制外接定时电容的充、放电。充、放电流 I_A、I_B 的大小由外接电阻决定，当 $I_A = I_B$ 时，输出三角波，否则为锯齿波。ICL8038 产生三角波-方波的工作原理与图 5-2 所示电路的工作原理基本相同。三角波-正弦波的变换由内部三极管开关电路与分流电阻构成的五段折线近似电路完成。调整三极管的静态工作点，可以改善正弦波的波形失真，在 1 脚 ADJ_{s1} 端与 6 脚 U_+ 电源端间接电位器可以改善正弦波的正向失真，在 12 脚 ADJ_{s2} 端与地间接电位器可以改善正弦波的负向失真。ICL8038 可以采用单电源（+10～+30 V）供电，也可以采用双电源（±5～±15 V）供电。

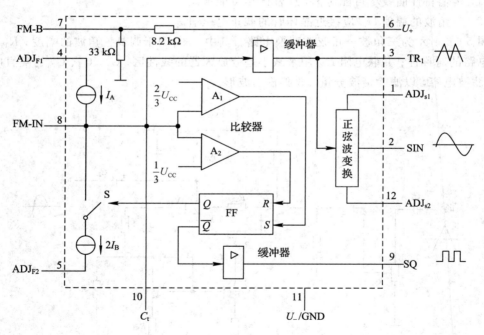

图 5-7 ICL8038 内部组成框图

ICL8038 组成的音频函数发生器如图 5-8 所示。图中，电阻 R_1 与电位器 R_{P1} 用来确定 8 脚的直流电位 U_8，通常取 $U_8 \geqslant 2U_{CC}/3$。U_8 越高，I_A、I_B 越小，输出频率越低，反之亦然。因此 ICL8038 又称为压控振荡器（VCO）或频率调制器（FM）。R_{P1} 可调节的频率范围为 20 Hz～20 kHz。U_8 还可以由 7 脚提供固定电位，此时输出频率 f_0 仅由 R_A、R_B 及电容 C_t 决定。U_{CC} 采用双电源供电时，输出波形的直流电平为 0。采用单电源供电时，输出波形的直流电平为 $U_{CC}/2$。

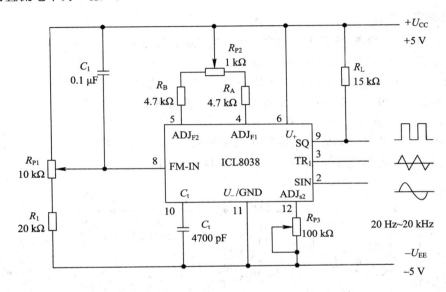

图 5 - 8　ICL8038 组成的音频函数发生器

5.3　函数发生器的性能指标

函数发生器的性能指标如下：

（1）输出波形：正弦波、方波、三角波等。

（2）频率范围：一般分为若干波段，如 1～10 Hz、10～100 Hz、100 Hz～1 kHz、1～10 kHz、10～100 kHz、100 kHz～1 MHz 等 6 个波段。

（3）输出电压：一般指输出波形的峰-峰值，即 $U_{opp}=2$ V。

（4）波形特性：表征正弦波特性的参数是非线性失真 $\gamma_\sim$，一般要求 $\gamma_\sim < 3\%$；表征三角波特性的参数是非线性系数 $\gamma_\triangle$，一般要求 $\gamma_\triangle < 2\%$；表征方波特性的参数是上升时间 t_r，一般要求 $t_r < 100$ ns（1 kHz，最大输出时）。

5.4 电路设计、安装与调试

1. 电路设计方法

设计一方波-三角波-正弦波函数发生器，性能指标要求：

频率范围：1～10 Hz，10～100 Hz。

输出电压：方波 $U_{opp} \leqslant 24$ V，三角波 $U_{opp} = 8$ V，正弦波 $U_{opp} > 1$ V。

波形特性：方波 $t_r < 30$ μs，三角波 $\gamma_\triangle < 2\%$，正弦波 $\gamma_\sim < 5\%$。

1) 确定电路形式及元器件型号

方波-三角波-正弦波函数发生器实训电路如图 5-9 所示，其中运放 A_1 与 A_2 用一只双运放 μA747，取电源电压 $+U_{CC} = +12$ V，$-U_{EE} = -12$ V。

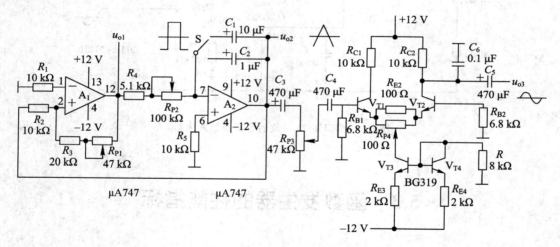

图 5-9 方波-三角波-正弦波函数发生器实训电路

2) 计算元器件参数

比较器 A_1 与积分器 A_2 的元器件参数计算如下：

由式(5-8)得

$$\frac{R_2}{R_3 + R_{P1}} = \frac{U_{o2m}}{U_{CC}} = \frac{1}{3}$$

取 $R_2 = 10$ kΩ，$R_3 = 20$ kΩ，$R_{P1} = 47$ kΩ，则平衡电阻 $R_1 = R_2 /\!/ (R_3 + R_{P1}) \approx 10$ kΩ。

由输出频率的表达式(5-9)得

$$R_4 + R_{P2} = \frac{R_3 + R_{P2}}{4R_2 C_2 f}$$

当 1 Hz≤f≤10 Hz 时，取 $C_2 = 10\ \mu F$，$R_4 = 5.1\ k\Omega$，$R_{P2} = 100\ k\Omega$。当 10 Hz≤f≤100 Hz 时，取 $C_2 = 1\ \mu F$，以实现频率波段的转换，R_4 及 R_{P2} 的取值不变。取平衡电阻 $R_5 = 10\ k\Omega$。

三角波→正弦波电路的参数选择原则是：隔直电容 C_3、C_4、C_5 要取得较大，因为输出频率很低，取 $C_3 = C_4 = C_5 = 470\ \mu F$，滤波电容 C_6 的取值视输出的波形而定，若含高次谐波成分较多，则 C_6 一般为几十皮法至 0.1 μF。$R_{E2} = 100\ \Omega$ 与 $R_{P4} = 100\ \Omega$ 相关联，以减小差分放大器的线性区。差分放大器的静态工作点可通过观测传输特性曲线，调整 R_{P4} 及电阻 R 来确定。

2. 电路安装与调试技术

在装调多级电路时，通常按照单元电路的先后顺序进行分级装调与级联。图 5-9 所示电路的装调顺序如下所述。

1）方波-三角波发生器的装调

由于比较器 A_1 与积分器 A_2 组成正反馈闭环电路，同时输出方波与三角波，因此这两个单元可以同时安装。需要注意的是，在安装电位器 R_{P1} 与 R_{P2} 之前，要先将其调整到设计值，否则电路可能会不起振。如果电路接线正确，则在接通电源后，A_1 的输出 U_{o1} 为方波，A_2 的输出 U_{o2} 为三角波，微调 R_{P1}，使三角波的输出幅度满足设计指标要求，调节 R_{P2}，输出频率连续可变。

2）三角波→正弦波变换电路的装调

三角波→正弦波变换电路的调试步骤如下：

（1）差分放大器传输特性曲线调试。将 C_4 与 R_{P3} 的连线断开，经电容 C_4 输入差模信号电压 $U_{id} = 50\ mV$，$f_i = 100\ Hz$ 的正弦波。调节 R_{P4} 及电阻 R，使传输特性曲线对称。再逐渐增大 U_{id}，直到传输特性曲线形状正常，记下此时对应的峰值 U_{idm}。移去信号源，再将 C_4 左端接地，测量差分放大器的静态工作点 I_o、U_{C1Q}、U_{C2Q}、U_{C3Q}、U_{C4Q}。

（2）三角波→正弦波变换电路调试。将 R_{P3} 与 C_4 连接，调节 R_{P3} 使三角波的输出幅度（经 R_{P3} 后输出）等于 U_{idm} 值，这时 U_{o3} 的波形应接近正弦波，调整 C_6，改善波形。如果 U_{o3} 的波形出现如图 5-10 所示的几种正弦波失真，则应调整和修改电路参数。产生失真的原因及应采取的相应处理措施如下：

① 钟形失真：如图 5-10（a）所示，传输特性曲线的线性区太宽，应减小 R_{E2}。

② 半波圆顶或平顶失真：如图 5-10（b）所示，传输特性曲线对称性差，静态工作点 Q 偏上或偏下，应调整电阻 R。

③ 非线性失真：如图 5-10(c)所示，三角波的线性度较差引起的失真，主要受运放性

能的影响，可通过在输出端加滤波网络来改善输出波形。

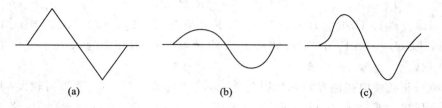

(a)   (b)   (c)

图 5-10 波形失真现象

3）误差分析

（1）方波输出电压 $U_{opp} \leqslant 2U_{CC}$，因为运放输出级是由 NPN 型或 PNP 型两种晶体管组成的复合互补对称电路，因此在输出方波时，两晶体管轮流截止与饱和导通，导通时输出电阻的影响使方波输出幅度小于电源电压值。

（2）方波的上升时间 t_r 主要受运放转换速率的限制。如果输出频率较高，则可接入加速电容 C_1（C_1 一般为几十皮法），可用示波器（或脉冲示波器）测量 t_r。

函数发生器能自动产生正弦波、三角波、方波、锯齿波、阶梯波等电压波形。

单片集成电路函数发生器 ICL8038 可以同时输出方波、三角波、正弦波。

＊＊＊＊＊＊＊＊
＊ 习　　题 ＊
＊＊＊＊＊＊＊＊

1. 在三角波→正弦波变换电路中，差分对管射极并联电阻 R_{E2} 有何作用？增大 R_{E2} 的值或用导线将 R_{E2} 短接，输出正弦波有何变化？

2. ICL8038 的输出频率与哪些参数有关？如何减小波形失真？

附　录

附录 A　电阻器、电容器的相关知识

电子元器件种类很多，其中最常用的有电阻器和电容器，下面对其进行简单介绍。

1. 电阻器

电阻器是电子电路中应用最广泛的电子元件之一，在电路中起限流、分流、降压、分压、负载和匹配等作用。

电阻器的种类繁多，若根据电阻器的工作特性及其在电路中的作用来划分，可分为固定电阻器、可变电阻器（电位器）和敏感电阻器三大类，它们的符号如图附-1 所示。其中，图附-1（a）是固定电阻器的符号，图附-1(b)是可变电阻器的符号，图附-1(c)是热敏电阻器的符号，图附-1(d)是压敏电阻器的符号。

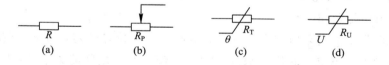

$$
\begin{array}{cccc}
R & R_P & \theta\ R_T & U\ R_U \\
\text{(a)} & \text{(b)} & \text{(c)} & \text{(d)}
\end{array}
$$

图附-1　电阻器的图形符号

固定电阻器按其材料的不同可分为碳质电阻器、碳膜电阻器、金属膜电阻器、线绕电阻器等。

1）电阻器的型号及命名方法

根据国家标准 GB2470—1995《电子设备用电阻器、电容器型号命名方法》的规定，电阻器的型号由以下四部分组成。

第一部分：主称，用字母表示。R 表示电阻器，W 表示电位器。

第二部分：材料，用字母表示。

第三部分：分类，用阿拉伯数字表示。个别类型也用字母表示。

第四部分：序号，用数字表示，包括额定功率、阻值、允许误差、精度等级等。

第二、三部分符号的含义见表附-1。

表附-1 电阻器型号中第二、三部分符号的含义

材料(第二部分)				分类(第三部分)					
符号	含义	符号	含义	符号	含义		符号	含义	
					电阻器	电位器		电阻器	电位器
T	碳膜	C	沉积膜	1	普通	普通	G	高功率	
J	金属膜	P	硼碳膜	2	普通	普通	J	精密	
Y	金属氧化膜	U	硅碳膜	3	超高频		L	测量用	
X	线绕	R	热敏	4	高阻		Y	高压	
I	玻璃釉膜	G	光敏	5	高温		T	可调	
H	合成膜	M	压敏	7	精密	精密	W		微调
S	有机实芯			8	高压	特种函数	D		多圈
N	无机实芯			9	特殊	特殊			

2) 电阻器的主要性能参数

(1) 标称阻值与允许误差。

标志在电阻器上的电阻值称为标称值。电阻值的单位是欧姆,简称欧(Ω)。另外,电阻值还有一些较大的单位,如千欧($k\Omega$)、兆欧($M\Omega$),它们之间的关系是:$1\ M\Omega = 10^3\ k\Omega = 10^6\ \Omega$。电阻器的实际阻值和标称值之差除以标称值所得到的百分数为电阻器的允许误差。误差越小的电阻器,其标称值规格越多。电阻器的标称值系列见表附-2。电阻器的标称阻值是按国家规定的阻值系列标注的,因此选用时必须按此阻值系列选用,使用时将表中的数值乘以 $10^n\ \Omega$(n 为整数),就成为这一阻值系列。例如,E24 系列中的 1.8 就代表 1.8 Ω、18 Ω、180 Ω、1.8 $k\Omega$、180 $k\Omega$ 等标称电阻。

表附-2 电阻器的标称值系列

系列	允许偏差	电阻的标称值系列
E6	±20%	1.0 1.5 2.2 3.3 4.7 6.8
E12	±10%	1.0 1.2 1.5 1.8 2.2 2.7 3.3 3.9 4.7 5.6 6.8 8.2

系列	允许偏差	电阻的标称值系列
E24	±5%	1.0　1.1　1.2　1.3　1.5　1.6　1.8　2.0　2.2　2.4　2.7　3.0　3.3　3.6 3.9　4.3　4.7　5.1　5.6　6.2　6.8　7.5　8.2　9.1
E96	±1%	1.00　1.02　1.05　1.07　1.10　1.13　1.15　1.18　1.21　1.24　1.27　1.30 1.33　1.37　1.40　1.43　1.47　1.50　1.54　1.58　1.62　1.65　1.69　1.74 1.78　1.82　1.87　1.91　1.96　2.00　2.05　2.10　2.15　2.21　2.26　2.32 2.37　2.43　2.49　2.55　2.61　2.67　2.74　2.80　2.87　2.94　3.01　3.09 3.16　3.24　3.32　3.40　3.48　3.57　3.65　3.74　3.83　3.92　4.02　4.12 4.22　4.32　4.42　4.53　4.64　4.75　4.87　4.99　5.11　5.23　5.36　5.49 5.62　5.76　5.90　6.04　6.19　6.34　6.49　6.65　6.81　6.98　7.15　7.32 7.50　7.68　7.87　8.06　8.25　8.45　8.66　8.87　9.09　9.31　9.53　9.76

普通电阻按误差大小分为三个等级：允许误差为 ±5% 的称为 Ⅰ 级，允许误差为 ±10% 的称为 Ⅱ 级，允许误差范围为 ±20% 的称为 Ⅲ 级。精密电阻器的误差等级有 ±0.05%、±0.2%、±0.5%、±1%、±2% 等。

标志电阻器的阻值和允许误差的方法有两种：其一是直标法，其二是色标法。直标法是将阻值和误差用数字或字母代号直接标在电阻体上，如在电阻体上标阻值 5k1（即 5.1 kΩ）、5Ω1（即 5.1 Ω）等（这种阻值标法规定，阻值的整数部分标在阻值单位标志符号的前面，阻值的小数部分标在阻值单位符号的后面）。误差用罗马数字表示时，"Ⅰ"表示误差允许在 ±5% 范围内，"Ⅱ"表示允许误差范围是 ±10%，"Ⅲ"表示允许误差范围为 ±20%。误差用英文字母表示时，J 表示 ±5%，K 表示 ±10%，M 表示 ±20%。若电阻体上没有印误差等级，则表示允许误差为 ±20%。

色标法又称色环表示法，即用不同颜色的色环来表示电阻器的阻值及误差等级。色环表示法有四环和五环两种。

四环电阻上有四道色环，第 1 道环和第 2 道环分别表示电阻的第一位和第二位有效数字，第 3 道环表示 10 的乘方数（10^n，n 为颜色所表示的数字），第 4 道环表示允许误差（若无第四道色环，则误差为 ±20%）。各色环颜色所表示的含义见表附-3。色环表示法表示的电阻值其单位一律是欧姆。

表附-3　色环颜色所表示的含义

色别	有效数字	乘方数	允许误差	误差代码
银	—	10^{-2}	±10%	K
金	—	10^{-1}	±5%	J

色别	有效数字	乘方数	允许误差	误差代码
黑	0	10^0		
棕	1	10^1	±1%	F
红	2	10^2	±2%	G
橙	3	10^3		
黄	4	10^4		
绿	5	10^5	±0.5%	D
蓝	6	10^6	±0.2%	C
紫	7	10^7	±0.1%	B
灰	8	10^8		
白	9	10^9		
无色	—	—	±20%	M

例如，某电阻有四道色环，分别为黄、紫、红、金，则其色环的意义为：第一环黄色表示 4，第二环紫色表示 7，第三环红色表示 10^2，第四环金色表示±5%。因此其阻值为 4700 ×(1±5%)Ω。

精密电阻器一般用五道色环标注，即用前三道色环表示三位有效数字，第四道色环表示 10^n（n 为颜色所代表的数字），第五道色环表示阻值的允许误差。

如某电阻的五道色环为橙橙红红棕，则其阻值为 $332×10^2×(1±1\%)$ Ω。

在色环电阻器的识别中，找出第一道色环是很重要的，可用如下方法识别：

在四环标注中，第四道色环一般是金色或银色，由此可识别出第一道色环。

在五环标注中，第一道色环与电阻的引脚距离最短，由此可识别出第一道色环。

采用色环标注的电阻器，其颜色醒目，标注清晰，不易褪色，从不同的角度都能看清阻值和允许偏差。目前在国际上都广泛采用色标法。

（2）额定功率。

在产品规定的温度和湿度范围内，假定周围空气不流通，长时间连续工作时，电阻器所允许消耗的最大功率称为电阻器的额定功率。电路中电阻器消耗的实际功率必须小于其额定功率，否则，电阻器的阻值及其他性能将会发生改变，甚至发热烧毁。常用的额定功率有 1/20 W，1/8 W，1/4 W，1/2 W，1 W，2 W，5 W，10 W，20 W 等。

（3）极限工作电压。

实际电阻器所能承受电压的能力是有限的，特别是阻值较大的电阻器。当电压过高时，虽然实际消耗的功率未超过其额定值，但电阻器内会产生电弧火花，使电阻器损坏或变质。一般来说，额定功率越大的电阻，它的耐压越高。

3）常用电阻器的结构与特点

（1）碳膜电阻器（RT 型）。碳膜电阻器是以小瓷棒或瓷管作骨架，在真空和高温下，沉积一层碳膜作导电膜，瓷管两端装上金属帽盖和引线，并外涂保护漆而制成的。碳膜电阻器的特点是：稳定性好，噪声低，阻值范围大（1 Ω～10 MΩ），温度系数不大，价格便宜。碳膜电阻器已成为电子线路中应用最广泛的电阻元件。

（2）金属膜电阻器（RJ 型）。金属膜电阻器的结构与碳膜电阻器差不多，只是导电膜是由合金粉蒸发而成的金属膜。它广泛应用在稳定性及可靠性要求较高的电路中。金属膜电阻器的各项电气性能指标均优于碳膜电阻器，而且体积远小于同功率的碳膜电阻器。

（3）金属氧化膜电阻器（RY 型）。金属氧化膜电阻器的结构与金属膜电阻器的结构相似，不同的是导电膜为一层氧化锡薄膜。金属氧化膜电阻器的特点是：性能可靠，过载能力强，额定功率大（最大可达 15 kW），但其阻值范围较小（1 Ω～200 kΩ）。

（4）实心碳质电阻器（RS 型）。碳质电阻器是用石墨粉作导电材料，黏土、石棉作填充剂，另加有机黏合剂，经加热压制而成的。由于实心碳质电阻器的制造工艺非常简单，所以价格非常便宜。又因为电阻器的导电体为实心结构，所以其机械强度很高，过负荷能力也很强，可靠性较高。但这种电阻器的缺点较多，如噪声大，精度差，分布电容和分布电感大等，因而逐渐为碳膜电阻器所代替。

（5）线绕电阻器（RX 型）。线绕电阻器是用金属电阻丝绕在陶瓷或其他绝缘材料的骨架上，表面涂以保护漆或玻璃釉而制成的。线绕电阻器的优点为：阻值精度高，噪声小，稳定性高，耐热性能好。线绕电阻器的缺点是：阻值范围小（0.1 Ω～5 MΩ），体积较大，固有电感及电容较大，一般不能用于高频电子电路中。

4）电位器的结构与特点

电位器是一种阻值连续可调的电阻器，它靠电阻器内一个活动触点（电刷）在电阻体上滑动，可以获得与转角（旋转式电位器）或位移（直滑式电位器）成一定关系的电阻值。

电位器有立式和卧式之分，分别用于不同的电路中，它的标称值是最大值，其滑动端到任意一个固定端的阻值在零和最大值之间连续可调。电位器就是可调电阻器加上一个开关，做成同轴联动形式，如收音机中的音量旋钮和电源开关就是电位器。

按电阻体所用的材料可将电位器分为碳膜电位器（WT）、金属膜电位器（WJ）、有机实心电位器（WS）、玻璃釉电位器（WI）和线绕电位器（WX）等。一般线绕电位器的误差不大于±10％，非线绕电位器的误差不大于±2％，其阻值、误差和型号均标在电位器的表面。按电位器的结构可将电位器分成单圈电位器、多圈电位器、单联电位器、双联电位器和多联电位器；开关的形式有旋转式、推拉式、按键式等。按阻值调节的方式又可将电位器分为旋转式和直滑式两种。

（1）碳膜电位器。碳膜电位器主要由马蹄形电阻片和滑动臂构成，其结构简单，阻值随滑动触点位置的改变而改变。碳膜电位器的阻值变化范围较宽（100 Ω～4.7 MΩ），工作噪声小，稳定性好，品种多，因此广泛应用于电子设备和家用电器中。

（2）线绕电位器。线绕电位器由合金电阻丝绕在环状骨架上制成。其优点是能承受大功率且精度高，电阻的耐热性和耐磨性较好；其缺点是分布电容和分布电感较大，影响高频电路的稳定性，故在高频电路中不宜使用。

（3）直滑式电位器。其外形为长方体，电阻体为板条形，通过滑动触头改变阻值。直滑式电位器多用于收录机和电视机中，其功率较小，阻值范围为470 Ω～2.2 MΩ。

（4）方形电位器。这是一种新型电位器，采用碳精连接点，耐磨性好，装有插入式焊片和插入式支架，能直接插入印制电路板，不用另设支架。方形电位器常用于电视机的亮度、对比度和色饱和度调节，阻值范围为470 Ω～2.2 MΩ，这种电位器属旋转式电位器。

2. 电容器

电容器（简称电容）是一种能存储电能的元件，其特点是：通交流、隔直流、通高频、阻低频。电容器在电路中常用作耦合、旁路、滤波、谐振等用途。电容器按结构可分为固定电容和可变电容，可变电容中又有半可变（微调）电容和全可变电容之分。电容器按材料介质可分为气体介质电容、纸介电容、有机薄膜电容、瓷介电容、云母电容、玻璃釉电容、电解电容以及钽电容等。电容器还可分为有极性电容器和无极性电容器。常用电容器的图形符号如图附-2所示。其中，图（a）是一般电容器的符号，图（b）是电解电容器的符号，图（c）是可变电容器的符号，图（d）是微调电容器的符号，图（e）是同轴双可变电容器的符号。

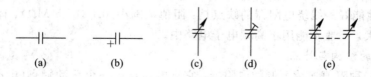

$$\qquad \text{(a)} \qquad\qquad \text{(b)} \qquad\qquad \text{(c)} \qquad \text{(d)} \qquad\qquad \text{(e)}$$

图附-2　常用电容器的图形符号

1）电容器的型号及命名方法

根据国家标准 GB2470－1995《电子设备用电阻器、电容器型号命名方法》的规定，电容器的型号由以下四部分组成。

第一部分：主称，用字母表示。C 表示电容器。

第二部分：材料，用字母表示。

第三部分：分类，一般用阿拉伯数字表示。个别类型也用字母表示。

第四部分：序号，用数字表示，包括品种、尺寸代号、温度特性、直流工作电压、标称值、允许误差、标准代号等。

第二、第三部分符号的含义见表附-4。

表附-4 电容器型号中第二、三部分符号的含义

材料(第二部分)				分类(第三部分)							
符号	含义	符号	含义	数字代号	含义					字母符号	含义
					瓷介	云母	玻璃	电解	其他		
C	瓷介质	S	聚碳酸酯	1	圆片	非密封		箔式	非密封	T	铁电
Y	云母	H	复合介质	2	管形	非密封		箔式	非密封	W	微调
I	玻璃釉	D	铝电解质	3	叠片	密封		烧结粉 非固体	密封	J	金属化
O	玻璃膜	A	钽电解质	4	独石	密封		烧结粉 固体	密封	X	小型
Z	纸介质	N	铌电解质	5	穿心				穿心	S	独石
J	金属化纸	G	合金电解质	6	支柱					D	低压
B	聚苯乙烯	T	钛	7				无极性		M	密封
L	涤纶	E	其他电解质	8	高压	高压			高压	Y	高压
Q	漆膜			9				特殊	特殊	C	穿心

2) 电容器的主要性能参数

(1) 标称容量与允许误差。电容器上标注的电容容量称为标称容量。电容容量的标准单位是法拉(F),另外还有微法(μF)、纳法(nF)、皮法(pF),它们之间的换算关系为 $1F = 10^6 \mu F = 10^9 nF = 10^{12} pF$。电容器的标称容量与其实际容量之差,再除以标称容量所得的百分比,就是允许误差。

误差的标注方法一般有三种:

① 将容量的允许误差直接标注在电容器上。

② 用罗马数字 Ⅰ、Ⅱ、Ⅲ 分别表示 $\pm5\%$、$\pm10\%$、$\pm20\%$。

③ 用英文字母表示误差等级,如用 J、K、M、N 分别表示 $\pm5\%$、$\pm10\%$、$\pm20\%$、$\pm30\%$,用 D、F、G 分别表示 $\pm0.5\%$、$\pm1\%$、$\pm2\%$,用 P、S、Z 分别表示 $+100\% \sim 0\%$、$+50\% \sim -20\%$、$+80\% \sim -20\%$。

固定电容器的标称容量系列见表附-5,任何电容器的标称容量都满足表中标称容量系列再乘以 10^n(n 为正或负整数)。

表附-5　固定电容器的标称容量系列

电容器类别	允许误差	标称值系列							
高频纸介质、云母介质 玻璃釉介质 高频(无极性)有机薄膜介质	±5%	1.0　1.1　1.2　1.3　1.5　1.6　1.8　2.0 2.2　2.4　2.7　3.0　3.3　3.6　3.9　4.3 4.7　5.1　5.6　6.2　6.8　7.5　8.2　9.1							
纸介质、金属化纸介质 复合介质 低频(有极性)有机薄膜介质	±10%	1.0　1.5　2.0　2.2　3.3　4.0　4.7　5.0 6.0　6.8　8.2							
电解电容器	±20%	1.0　1.5　2.2　3.3　4.7　6.8							

电容器的标称容量、误差标注方法如下：

① 直标法。直标法是指在产品的表面上直接标注出产品的主要参数和技术指标的方法。例如在电容器上标注 33 μF±5%、32 V(注：严格意义上，应标注 $33\times(1\pm5\%)\mu$F、32 V)。

② 文字符号法。文字符号法是指将需要标注的主要参数与技术性能用文字、数字符号有规律地组合标注在产品的表面上。采用文字符号法时，将容量的整数部分写在容量单位标注符号前面，小数部分放在单位符号后面。例如，3.3 pF 标注为3p3，1000 pF 标注为1n，6800 pF 标注为6n8，2.2 μF 标注为2μ2。

③ 数字表示法。体积较小的电容器常用数字标注法。一般用三位整数，第一位、第二位为有效数字，第三位表示有效数字后面零的个数，单位为皮法(pF)，但是当第三位数是9时表示 10^{-1}。例如，243 表示容量为 24000 pF，而 339 表示容量为 33×10^{-1} pF(3.3 pF)。

④ 色标法。电容器的色标法原则上与电阻器类似，其单位为皮法(pF)。

(2) 额定耐压。额定耐压是指在规定温度范围内，电容器正常工作时能承受的最大直流电压。固定式电容器的耐压系列值有：1.6、4、6.3、10、16、25、32*、40、50、63、100、125*、160、250、300*、400、450*、500、630、1000 V 等(带 * 号者只限于电解电容使用)。耐压值一般直接标在电容器上，但有些电解电容器在正极根部用色点来表示耐压等级，如6.3 V 用棕色，10 V 用红色，16 V 用灰色。电容器在使用时不允许超过耐压值，若超过此值，电容器就可能损坏或被击穿，甚至爆裂。

(3) 绝缘电阻。绝缘电阻是指加到电容器上的直流电压和漏电流的比值，又称漏阻。漏阻越低，漏电流越大，介质耗能越大，电容器的性能就越差，寿命也越短。

3) 常见电容器介绍

(1) 固定电容器。

① 纸介电容器(CZ 型)。纸介电容器的电极用铝箔或锡箔做成，绝缘介质用浸过蜡的纸相叠后卷成圆柱体密封而成。其特点是：容量大，构造简单，成本低；但热稳定性差，损

耗大，易吸湿，适用于在低频电路中用作旁路电容和隔直电容。金属化纸介电容器（CJ 型）的两层电极是将金属蒸发在纸上形成的金属薄膜。这种电容器的特点是：体积小，被高压击穿后有自愈作用。

② 有机薄膜电容器（CB 或 CL 型）。有机薄膜电容器是用聚苯乙烯、聚四氟乙烯、聚碳酸酯或涤纶等有机薄膜代替纸介，以铝箔或在薄膜上蒸发金属薄膜作电极卷绕封装而成的。其特点是：体积小，耐压高，损耗小，绝缘电阻大，稳定性好，但是温度系数较大。这种电容器适用于高压电路、谐振回路、滤波电路中。

③ 瓷介电容器（CC 型）。瓷介电容器以陶瓷材料作介质。其特点是：结构简单，绝缘性能好，稳定性较高，介质损耗小，固有电感小，耐热性好，但其机械强度低，容量不大。这种电容器适用于高频高压电路和温度补偿电路中。

④ 云母电容器（CY 型）。云母电容器是以云母为介质，上面喷覆银层或用金属箔作电极后封装而成的。其特点是：绝缘性好，耐高温，介质损耗极小，固有电感小，工作频率高，稳定性好，工作耐压高。这种电容器适用于高频电路和高压设备中。

⑤ 玻璃釉电容器（CI 型）。玻璃釉电容器用玻璃釉粉加工成的薄片作为介质，其特点是：介电常数大，体积也比同容量的瓷介电容器小，损耗小。与云母电容器和瓷介电容器相比，玻璃釉电容器更适于在高温下工作，广泛用于小型电子仪器的交直流电路、高频电路和脉冲电路中。

⑥ 电解电容器。电解电容器以附着在金属极板上的氧化膜层作介质，阳极金属极片一般为铝、钽、铌、钛等，阴极是填充的电解液（液体、半液体、胶状），且有修补氧化膜的作用。氧化膜具有单向导电性和较高的介质强度，所以电解电容器为有极性电容器。新出厂的电解电容器其长脚为正极，短脚为负极，在电容器的表面上还印有负极标注。电解电容器在使用中一旦极性接反，则通过其内部的电流过大，会导致其过热击穿，温度升高产生的气体会引起电容器外壳爆裂。电解电容器的优点是：容量大，在短时间过压击穿后，能自动修补氧化膜并恢复绝缘。其缺点是：误差大，体积大，有极性要求，并且其容量随信号频率的变化而变化，稳定性差，绝缘性不好，工作电压不高，寿命较短，长期不用时易变质。电解电容器适用于在整流电路中进行滤波、电源去耦以及在放大器中起耦合和旁路等作用。

（2）可变电容器。

① 空气可变电容器。这种电容器以空气为介质，以一组固定的定片和一组可旋转的动片（两组金属片）为电极，两组金属片互相绝缘。动片和定片的组数分为单连、双连、多连等。其特点是：稳定性高，损耗小，精确度高，但体积大。这种电容器常用于收音机的调谐电路中。

② 薄膜介质可变电容器。这种电容器的动片和定片之间用云母或塑料薄膜作为介质，外面加以封装。由于动片和定片之间距离极近，因此在相同的容量下，薄膜介质可变电容器比空气电容器的体积小，重量也轻。常用的薄膜介质密封单联和双联电容器在便携式收音机中得到了广泛使用。

③ 微调电容器。微调电容器有云母、瓷介和瓷介拉线等类型，其容量的调节范围极小，一般仅为几皮法至几十皮法，在电路中常用来起补偿和校正等作用。

在安装可变电容器时，为防止人手转动电容器转轴时产生干扰，一般应将动片接地。

附录 B　半导体器件型号的命名方法

1. 国产半导体器件型号命名

1) 型号由五个部分组成

国产半导体器件型号由如下五个部分组成：

第一部分：用阿拉伯数字表示器件的电极数目。

第二部分：用汉语拼音字母表示器件的材料和极性。

第三部分：用汉语拼音字母表示器件的类型。

第四部分：用阿拉伯数字表示序号。

第五部分：用汉语拼音字母表示规格号。

注：场效应器件、半导体特殊器件、复合管、PIN 型管、激光器件的型号只有第三、四、五部分。

2) 组成部分的符号及其意义

国产半导体器件型号组成部分的符号及意义如表附-6 所示。

表附-6　国产半导体器件型号组成部分的符号及意义

第一部分		第二部分		第三部分				第四部分	第五部分
用数字表示器件的电极数目		用汉语拼音字母表示器件的材料和极性		用汉语拼音字母表示器件的类型				用数字表示序号	用汉语拼音字母表示规格号
符号	意义	符号	意义	符号	意义	符号	意义		
2	二极管	A B C D	N 型，锗材料 P 型，锗材料 N 型，硅材料 P 型，硅材料	P V W C	普通管 微波管 稳压管 参量管	D A	低频率大功率管 $f_\alpha < 3$ MHz, $P_c > 1$ W 高频率大功率 $f_\alpha < 3$ MHz, $P_c > 1$ W		

用数字表示器件的电极数目		用汉语拼音字母表示器件的材料和极性		用汉语拼音字母表示器件的类型				用数字表示序号	用汉语拼音字母表示规格号
符号	意义	符号	意义	符号	意义	符号	意义		
3	三极管	A	PNP型，锗材料	Z	整流管		半导体闸流管（可控整流管）		
		B	NPN型，锗材料	L	整流堆				
		C	PNP型，硅材料	S	隧道管	T	体效应器件		
		D	NPN型，硅材料	N	阻尼管		雪崩管		
		E	化合物材料	U	光点管	Y	阶跃恢复管		
				K	开关管	B	场效应器件		
				X	低频小功率管 $f_a<3$ MHz，$P_c<1$ W	J	半导体特殊器件		
						CS	复合管		
				G	高频率小功率 $f_a<3$ MHz，$P_c<1$ W	BT	PIN管		
						FH	激光管		

2. 常用进口半导体器件型号命名

常用进口半导体器件型号组成部分如表附-7所示。

表附-7　常用进口半导体器件型号组成部分

国别	一	二	三	四	五	备　注
日本	2	S	A. PNP 高频 B. PNP 低频 C. NPN 高频 D. NPN 低频	两位以上数字表示登记序号	A、B、C 表示对原型号的改进	不表示硅锗材料及功率大小
美国	2	N	多位数字表示登记序号		不表示硅锗材料 NPN 或 PNP 及功率大小	
欧洲	A 锗 B 硅	C—低频小功率 D—低频大功率 F—高频小功率 L—高频大功率 S—小功率开关 U—大功率开关	三位数字表示登记序号	B 为分挡标志		

附录 C 常用半导体器件的参数

A_{od}——集成运放的开环差模电压增益。

C_{bc}——集电结等效电容。

C_{be}——发射结等效电容。

I_{CBO}——集电极和基极之间的反向饱和电流。

I_{CEO}——集电极和发射极之间的反向饱和电流。

I_{CM}——集电极的最大允许电流。

$I_{D(AV)}$——整流二极管的平均电流。

I_S——二极管的反向饱和电流。

I_Z——稳压管的稳定电流。

I_{IB}——集成运放的输入偏置电流。

I_{IO}——集成运放的输入失调电流。

P_{CM}——集电极的最大允许耗散功率。

P_{DM}——漏极的最大允许耗散功率。

S_R——集成运放的转换速率。

U_Z——稳压管的稳定电压。

$U_{(BR)CBO}$——发射极开路时集电极和基极之间的反向击穿电压。

$U_{(BR)CEO}$——基极开路时集电极和发射极之间的反向击穿电压。

$U_{(BR)EBO}$——集电极开路时发射极和基极之间的反向击穿电压。

U_{CES}——集电极和发射极之间的饱和压降。

U_{icm}——集成运放的最大共模输入电压。

U_{idm}——集成运放的最大差模输入电压。

U_{IO}——集成运放的输入失调电压。

U_P——场效应管的夹断电压。

U_T——场效应管的开启电压。

BW——带宽

f_T——双极型三极管的特征频率。

f_α——共基截止频率。

f_β——共射截止频率。

g_m——跨导。

α——共基电流放大倍数。

$\bar{\alpha}$——共基直流电流放大倍数。

β——共射电流放大倍数。

$\bar{\beta}$——共射直流电流放大倍数。

$r_{bb'}$——基区体电阻。

r_{be}——基射之间的微变等效电阻。

参考文献

[1] 牛金生. 电路分析基础[M]. 西安：西安电子科技大学出版社，2004.

[2] 康华光. 电子技术基础：模拟部分[M]. 4 版. 北京：高等教育出版社，1999.

[3] 陶希平. 模拟电子技术基础[M]. 北京：化学工业出版社，2001.

[4] 李雅轩. 模拟电子技术[M]. 西安：西安电子科技大学出版社，2000.

[5] 秦曾煌. 电工学：下册：电子技术[M]. 北京：高等教育出版社，2006.

[6] 曹光跃. 模拟电子技术及应用[M]. 北京：机械工业出版社，2008.

[7] 林春方，杨建平. 模拟电子技术[M]. 北京：高等教育出版社，2006.

[8] 张仁霖. 模拟电子技术实验实训指导教程[M]. 合肥：安徽大学出版社，2008.

[9] 朱钰铧. 电路基础实验实训指导教程[M]. 合肥：安徽大学出版社，2008.